王立吾
（摄于20世纪80年代）

王立吾与刘瑜金婚留影
（摄于2002.03.31）

王立吾夫妇与三子女
（后排右起王迎建、王崇建、王光建，摄于2000.07赴美前）

原稿第一章首页

原稿内页

原稿补充参考资料封面

原稿补充参考资料内页

王立吾京胡独奏
（摄于2012.01.22）

王立吾九秩来自学生们的贺信

王立吾与学生合影
（后排右起顾义生、徐美英、郭树屏，摄于2011.12.06）

宿雨新晴天公調配如經意
萬民同喜不惑今朝是績
業煌煌誰懼蚍蜉撼吾往
矣有風雷勢且看蒸蒸治
然绛唇八九年國慶晨作 立吾

王立吾手书自度诗余

本书由苏州大学重点学科
建设经费资助出版

形式逻辑初稿

王立吾 编著
王迎建 王崇建 王光建 点校

苏州大学出版社
Soochow University Press

图书在版编目(CIP)数据

形式逻辑初稿 / 王立吾编著；王迎建，王崇建，王光建点校. —苏州：苏州大学出版社，2015.12
ISBN 978-7-5672-1627-3

Ⅰ.①形… Ⅱ.①王… ②王… ③王… ④王… Ⅲ.①形式逻辑—研究 Ⅳ.①B812

中国版本图书馆 CIP 数据核字(2015)第 320301 号

形式逻辑初稿

编　　著	王立吾
点　　校	王迎建　王崇建　王光建
责任编辑	倪浩文
装帧设计	刘　俊
出版发行	苏州大学出版社
出版人	张建初
地　　址	苏州市十梓街1号
邮　　编	215006
电　　话	0512-65225020　65222617(传真)
网　　址	http://www.sudapress.com
印　　刷	苏州市大元印务有限公司
开　　本	880 mm×1 230 mm　1/32
印　　张	9.375
插　　页	2
字　　数	202 千
版　　次	2015 年 12 月第 1 版
印　　次	2015 年 12 月第 1 次印刷
书　　号	ISBN 978-7-5672-1627-3
定　　价	30.00 元

版权所有　侵权必究

著者小传

王立吾(1921.10.27—2012.04.11,一说生于1922年,属相为戌),名宜阶,字立吾,以字行。祖籍湖北襄阳县下王家集,生于北平。四川永川十六中高中毕业后,考入东北大学中文系,1948年毕业。苏州市最早的中国民主促进会会员之一,中国教育工会会员,中国教育学会语言教学法研究会会员。在苏州教育界辛勤工作数十年。1985年起按政策享受离休待遇。2012年4月11日因病医治无效,于11时10分在苏州大学附属第一医院辞世,享年九十一岁。2012年4月13日与妻合祔天灵公墓。

祖父王万芳,前清光绪十五年(1889)己丑科进士,光绪《襄阳府志》总纂,翰林院编修,擢江南道监察御史;清末襄阳名士,湖北二杰之一。祖母刘大姑,湖北襄阳刘家湾村人。父亲王起孙,中华民国最高法院检察署刑事司司长兼主任秘书、司法行政部民事司司长兼主任秘书。著有《瓯北七律浅注》等书。母李琏,湖北枣阳李家寨人。

妻刘瑜(原名刘佩瑜),苏州人,有子二女一。长子迎建,次为女崇建,次子光建。

王立吾一生认真做事,宽厚待人,崇尚真理,追求上进。青少年时期正值中国从战乱走向和平的时代。高中和大学时代，满怀爱国激情，与同学组织学校话剧团，针砭时弊；抗日战争时期受同学中共地下党员张展（原名白广文）、罗明（原名罗克文，一作罗克闻）、欧克纯等的影响，接触进步思想，要求上进，与东北大学老师丁易、董每戡先生关系密切，参与进步社团和民主青年同盟工作，在其领导下，积极宣传抗日；同情革命，曾多次掩护、协助过同学中的中共地下党员和进步学生。毕业后的1949年初，离开江苏省教育厅图书馆，由董每戡先生推荐来苏州，经徐步介绍，到苏州地委干校农村工作团正式参加革命工作。期间，加入了新民主主义青年团。1949年底转入教育系统，从事高中语文和大学中文教学工作。由江苏省苏州高级中学语文教师、历苏州市教师进修学校、苏州师范专科学校，到苏州专区教师进修学院，再到江苏师范学院中文系（今为苏州大学文学院）任教师。

王立吾数十年如一日，淡泊名利，潜心教育事业，忠于崇高的教师职业，抱着使命感与责任心，除教学工作外，还担任过学生辅导员。又据潘德斋老师说，他曾当选为苏高中首任教育工会主席。认真贯彻党的教育方针，服从领导安排，终生好学，老而不懈，给后辈树立了好榜样。大专、大学教学中，服从工作需要，放弃自己喜好且专长的先秦文学以及音韵训诂学，教过很多课程。有些并非自己的专长，就从头拾起，边学边教。并且，"要做就尽力做得最好"是他对自己一生的严格要求。接到任务总是埋头学习，深入研究，精心备课，努力讲好每一堂课，即使身患疾病，几次晕倒在讲坛上仍坚持工作。为人师表，深受学生们的爱戴。以致数十年后，这些已成为老师的学生们还能将敬佩感牢记在心中,仍然能生动鲜活、如数家珍般地在笔端再现当年课堂的一幕。

曾数度参加江苏省里的教材编写工作和"中学语文教学法"等的研究工作,参与了全国性《中华大辞典》、《辞海》、《红楼梦》的编校工作,以及《李贺诗选》等的编选工作。

相对于对教学的认真,在私利上却从不与人相争,非常顾全大局,任劳任怨。自20世纪60年代评定高教工资后,每当单位调整工资时,因人总说他工资高,就数度谦让,数十年未提高过工资,直至退休前。其实,为维持家计,20世纪60年代后期至80年代初,妻刘瑜还常常举债。

由于早年曾加入过三民主义青年团、家庭成分、台湾及海外亲属等当时属于政治问题的诸多因素,在新中国成立以来的历次政治运动中都成了冲击对象。"文革"中,虽身患重病仍不免被关进牛棚、下农场(村)、上"五七"干校。两度遭到抄家,半生积累的藏书被抄三大板车。尽管"文革"后落实政策,可是,许多有价值的好书都再也找不回来了。

一生钟爱中国古典文学,尤以先秦文学和音韵训诂学见长,用功最深,成果也最富。自大学时代起一直积累至"文革"前,数十年间的学习与研究成果,集成大量有关先秦文学、音韵训诂学、中学语文教学体会(教研活动发言稿)等的书稿、笔记、卡片以及诗赋文稿等,"文革"中都迫于形势,含泪付之一炬,留下了终生遗憾。

是对家庭、子女的责任感和业余的兴趣爱好支撑着他度过了那些岁月。虽历经风雨,晚岁生活亦可称丰富多彩,这也是值得庆幸的。

青年时期深受老师陆侃如、冯沅君的影响,一生爱好京剧,擅长京胡演奏,自拉自唱。还时常为同是京剧爱好者、常来陪伴的学生徐美英、顾义生夫妇伴奏,师生同乐。一把得之于京城某名琴师遗物中的旧京胡伴随他一生,直至患病入院前还时常以此自娱自乐。偶有一段2012年1月22日录下的京胡独奏视频留作后辈的念想。

晚年生活安定,吟诗作画练书法的闲暇也渐多。离休后的诗书画作甚多,但自认为不屑传世,不自珍惜,以致佚失太半,难得一见。尚有各体诗作及诗余赋颂、书法试笔等留存若干。晚年,夫妇二人仍与苏高中同事、婚姻介绍人陈浣华先生保持密切交往,时常一起编制谜语、探讨诗文。

由于历史原因,海峡两岸长期阻隔,与兄、妹断绝音讯四十余年后,政策改变,经多人协助,多重周折,终于促成了1990年10月小妹王惠阶来苏会面,并完成了父母亲骨灰合祔之大事,了却一桩心愿。1991年10月,二胞兄王惕阶(又名叙阶,字畏予)不顾年老体弱,身患大病,自台来苏,得叙兄弟离情,并同赴津门与大姐王平阶相会,姐弟三人终于在有生之年得以重见。

2000年夏,应次子王光建之邀,以八十高龄单身赴美探亲旅游,庆祝生日。

2002年4月2日,庆贺了金婚纪念日。

2011年10月27日,子女齐聚,欢庆了九十周岁华诞。收到来自苏州市和苏州大学离退休办公室、中国民主促进会苏州市委员会的祝贺,以及来自学生们的衷心祝福。

2012年4月11日,得知老师辞世的消息,散居国内外的许多学生都当即以各种方式表达了自己的沉痛哀思和深切悼念。有远在美国、加拿大的,有来自全国各地的,他们中不乏在科技、国防、教育等领域做出了突出成就、深具名望的人士。其中,苏高中58届三(1)、三(2)班学生的挽联代表了大家的心声:

先生是智者,明理通达似淙淙清泉;

恩师乃仁者,宽厚仁爱如巍巍高山。

还有历年来的工作证、会员证、优待证、纪念章、功勋章等各类奖章、证书,也留下了一位平凡教师的鸿爪泥迹。

点校者简介

王迎建,字欣之,1952年12月12日生于苏州市,苏州市第一中学1968届初中毕业。1969年4月23日起插队昆山县城北人民公社同心大队第四生产队务农。1975年初,进社办工厂当工人。1976年8月按政策回城,分配在苏州市饮食服务公司水灶中心店当工人,后以工代干。其间,业余时间重拾自学的业余广播讲座课业,师从恩师陈震涯先生和小高荣子先生进修日语。1981年以工人身份调入苏州电视机组件厂任日语翻译;参与苏州市多项引进工程和技术改造项目,历八年。其间,还参与了"七五"技改项目——全国彩电二期工程技术商务谈判、全国总工会邀请团和友好城市交流、出国技术研修、合资项目谈判等较大外事活动。曾兼任沧浪区、金阊区业余学校日语教师若干年。1987年底起,独力承担合资项目谈判中的翻译工作。1989年调入市工艺美术工业局,筹建中外合资苏州瑰宝箱包有限公司,任总经理秘书兼翻译,历任至副总经理。2004年合资公司到期撤销,受其他外商雇用,任其商社驻苏事务所负责人四年半。同时又受朋友之邀,协助创办房地产开发公司。2012年退休。

1990年经苏州市翻译系列职务评审委员会评审通过,破格获得助理翻译职称。1998年通过考试,获得国际交流基金及财团法人日本国际教育协会办颁发的"日本语能力认定书(1级)"。有译作若干发表于国内专业杂志及学会会刊。2014年底,完成祖父王起孙遗著《瓯北七律浅注》的点校出版。

王崇建,1954年1月13日生于苏州市。苏州市第一中学1969年初中毕业,即响应号召赴大丰县金墩公社七一大队二小队插队务农。1979年按政策回城,分配在苏州大学总务处膳食科学生食堂当工人,后通过脱产、半脱产学习在苏州大学管理学院经济管理大专班毕业,之后又毕业于苏州大学管理学院行政管理大专班。历任总务处秘书、新校区建设指挥部办公室秘书、基建处及后勤管理处科长等职。1997年6月通过江苏省统考转为正式干部。2009年10月退休。中国共产党党员。

在高校学生食堂的营养配餐等方面有过钻研,江苏人民广播电台曾播送过其相关文章。

王光建,1957年3月23日生于苏州市。苏州市第十中学1974年高中毕业,被分配到苏州人民纺织厂第一纺织车间清花车间当工人。1977年恢复高考,成绩优异,却因家庭出身问题政审落榜。1978年因政策改变,再次以高分考入全国重点大学南京大学生物系,1982年获南京大学生物学科学学士学位。1985年获南京大学生理学科学硕士学位。毕业后留校任教。1989年夏,作为访问学者赴美交流,后转而攻读博士研究生课程,继续深造。1996

年获美国明尼苏达大学神经科学博士学位,此后又在美国哈佛大学医学院做神经科学博士后。此后回到明尼苏达大学从事教学与研究工作。

历任南京大学讲师、美国密苏里州圣路易斯市华盛顿大学访问科学家、美国肯塔基州路易维尔市路易维尔大学教授员、美国明尼苏达州美国医学系统公司资深科学家、美国明尼苏达州明尼苏达大学教授员。至今已单独或与人合作发表专业论文数十篇。

写在前面的话

2012年4月,家父弃养。在整理他的遗物时,除发现了大量笔记、卡片外,三本保存较为完整的《形式逻辑初稿》讲义手稿,让我们颇为意外,也很惊喜。因为,据家父生前所言,凝结着他半生心血的几件自认为还值得示人的学术和研究方面的成稿未能付梓,均在"文革"中毁于一旦,成了他的终生憾事。因此,我们兄妹三人决定合力整理出版此书。

这是三册线装的稿件,用的是现在早已见不到的极其粗糙的纸,钢板油印,掺杂着手写的夹注。纸面上细砂粒之类的杂物,可以让油墨的笔画断续,分不清到底是字迹还是杂质;灰白和浅褐黄的纸色,阻碍你辨清字迹;褪色的钢笔草体字又是一个难点。但是,决心已下,分工停当,说干就干,克服了许多困难,我们历时近十月终成初稿。

正式刊行的本书是其中的两本,另一本《形式逻辑补充(参考)资料》则因纸质粗劣、全稿草体手书,又因年久墨迹褪色,我们只得知难而退。不过,它和正文一样,却能从另一侧面体现出家父终生严谨的治学精神和在编著此书时认真钻研、好学求真的态度,以及为之所付出的心血。故而影印几页留此存照。

整理点校过程中,我们了解到"形式逻辑"的教学是20世纪五六十年代从苏联引进教科书后才在大学教学中新开设的一门课程。家父最初讲授此课,是在1958年至1962年间就职于苏州师范专科学校时,可说是最早教授此课的教师中的一员。

　　本书是按当时的教学大纲,采用国家统一教材——中国人民大学《形式逻辑》为底本,并参考了苏联莫洛德佐夫主编的《逻辑教程大纲》(1951.1版)、《苏联大百科全书·逻辑学》等书编写的,是专门针对师范院校中文专业学生的课程,此后又有不多的补充和修改。

　　当时,编写适合各自院系的讲义、教案,是那一代老师义不容辞的担当,能为后来者提供经验和借鉴。要教好,自己必须先学深学透,才能讲透讲活这门枯燥乏味而又逻辑严谨的课程。对于接受这项新任务的教员来说,只有边学边教,别无他法,为此,也注定必须付出不同寻常的辛劳。这是一项富含开创性和意义深远的工作。著者数十年从事教育工作,辛勤劳动与钻研,培养了无数教师,可说有所成就,而本书只是其中之一。相信在形式逻辑学课程已有成熟教材的今天,出版此书,仍不失其现实意义和实际作用。

　　由于前述诸多原因,加之整理点校者的水平所限,书中不免存在差错和疏漏,希冀得到专家和读者诸君的批评指正。

　　因家父生前任教的苏州大学文学院正在做一件很有远见的事,设立专项资金,出版老教师留下的遗稿,留住这些一失成憾的历史和经验,本书也有幸获得了此项资助,成功梓行。本书的出版还得到了苏州大学文学院周晓林教授和苏州大学出版社倪浩文编辑的大力支持,在此一并深致谢忱!

谨以此书奉作家父九秩又五冥寿之祭。

点校者

2015 年 10 月 27 日

点校说明

1. 本书的出版仅从作品传播角度着眼,尽可能地尊重原作,还原原作,故对原书的措辞、章节、体例及写法一遵其旧。为便于读者阅读,原稿插注改为边注,按章排序,以序号标明对应位置。边注中存在一些作者写作和备课时的思维火花,有些已表述成文,有些则属于提示性的只言片语,不在语法体例上苛求,这些也许需要作些思考方能明白,但无疑是有助于理解的。因此,尽可能予以保留。

2. 由于本书编著于20世纪五六十年代,是根据当时政治环境和教学大纲的要求编写的,不免有一些今天看来带着那个时代特色的语言、词汇和举例。本次点校时也悉予保持原状,为读者一窥斯年教学实情之备。

3. 原稿中练习题、复习题分散装订在各章节中。为了便于查找,此次点校都将其归到书的正文之后。但是,根据复习题内容,分别按章节标注出来。

4. 原稿中试题、补考题及其答案夹放在不同位置。考虑到教学计划、教学进度会有所不同,此次点校时也将其归到了书的末尾。

5. 关于字体及标点符号的说明：

A. 正文采用宋体，边注采用仿宋体。

B. "〖 〗"表示作者所加帮助讲解的内容、提示等。

C. "（ ）"表示作者的原附注及点校者说明（后者标明"校注："）。

D. "[ ]"表示边注序号及其在正文中的位置，须对应阅读。但是限于点校者的水平，也许会有一些前后错位，敬请注意识别。

E. "□"表示无法识别的字和原稿中的空格。

目　录

第一章　绪　言

第一节　形式逻辑的对象 …………………………………… 1
第二节　形式逻辑的性质 …………………………………… 7
第三节　学习形式逻辑的意义 ……………………………… 9
第四节　我们学习形式逻辑时应注意的几点 …………… 14

第二章　概　念

第一节　什么是概念？概念的作用,形式逻辑如何研究概念
　　　　……………………………………………………… 15
第二节　概念的内涵和外延 ………………………………… 18
第三节　概念的种类 ………………………………………… 22
第四节　概念间的关系 ……………………………………… 26
第五节　概念的扩大和限制 ………………………………… 35
第六节　划分 ………………………………………………… 36
第七节　定义 ………………………………………………… 41

第三章 判 断

第一节 判断是什么？判断的特征 …………………………… 47
第二节 判断的种类和各种类的结构及其他 ………………… 49
第三节 直言判断（简单属性判断）中名词的周延性 ………… 72
第四节 直言判断（简单属性判断）间的关系及其特定的
　　　　对当关系 ………………………………………………… 77

第四章 思维和语言，概念、判断在汉语中的表现形式

第一节 思维和语言 …………………………………………… 88
第二节 概念、判断在汉语中的表现形式 …………………… 91

第五章 推 理

第一节 什么是推理？推理的组成要素 …………………… 92
第二节 推理的种类 …………………………………………… 94
第三节 直接推理 ……………………………………………… 97

第六章 推理——直言三段论

第一节 直言三段论及其结构 ……………………………… 108
第二节 直言三段论的公理 ………………………………… 110
第三节 直言三段论的规则 ………………………………… 112
第四节 直言三段论的格，各格的规则和认识意义 ……… 122

第五节　直言三段论各格的式(各格的亚种) ………… 128

第七章　推理——假言三段论

第一节　假言三段论是什么？假言推理的依据和种类 ……… 132
第二节　混合的假言三段论——非区别的假言三段论和区别的假言三段论 …………………………………………… 134
第三节　纯假言三段论 ………………………………… 138

第八章　推理——选言三段论、二难推理(假言选言推理)

第一节　选言三段论及其推理种类、规则与依据 ………… 142
第二节　二难推理(假言选言推理)及其种类与规则 ……… 147

第九章　推理——扩充的三段论(略)

………………………………………………………… 155

第十章　推理——关系推理(从简)

………………………………………………………… 156

第十一章　推理——三段论的省略式和复杂式

第一节　省略式 ………………………………………… 158
第二节　复杂式 ………………………………………… 161

第十二章 推理——归纳推理

第一节　什么是归纳推理？它和演绎推理的同异与联系 …… 171
第二节　观察与实验（略） …… 174
第三节　归纳推理的种类 …… 174
第四节　确定现象间因果联系的方法 …… 181
第五节　归纳过程中容易犯的逻辑错误 …… 188

第十三章　推理——类比推理

…… 189

第十四章　假　设

第一节　什么是假设？形式逻辑如何研究假设 …… 192
第二节　假设的两个阶段 …… 193
第三节　应注意的几点 …… 196

第十五章　证　明

第一节　什么是证明？形式逻辑如何研究证明 …… 198
第二节　证明的结构 …… 201
第三节　证明的种类 …… 205
第四节　反驳及其方法 …… 212
第五节　证明的规则和错误 …… 219

第十六章 逻辑形式的基本规律

第一节 概述 …………………………………………… 227

第二节 同一律 ………………………………………… 229

第三节 不矛盾律 ……………………………………… 231

第四节 排中律 ………………………………………… 235

第五节 充足理由律 …………………………………… 238

练 习 题

（一） ……………………………………………………… 241

（二） ……………………………………………………… 242

（三） ……………………………………………………… 244

（四） ……………………………………………………… 246

（五） ……………………………………………………… 247

（六） ……………………………………………………… 248

（七） ……………………………………………………… 250

（八） ……………………………………………………… 251

（九） ……………………………………………………… 252

复 习 题

第一章复习题 ………………………………………… 254

第二章复习题 ………………………………………… 254

第三章复习题 ………………………………………… 255

第五章复习题 …………………………………………… 255

第六章复习题 …………………………………………… 257

第七章复习题 …………………………………………… 258

第八章复习题 …………………………………………… 258

第十一章复习题 ………………………………………… 258

第十二章复习题 ………………………………………… 259

第十三章复习题 ………………………………………… 259

第十四章复习题 ………………………………………… 259

第十五章复习题 ………………………………………… 260

第十六章复习题 ………………………………………… 260

试 题

A. 文科二年级形式逻辑期中试题 …………………… 262

    中文科二年级形式逻辑期中试题答案 …………… 264

B. 中文科二年级形式逻辑补考试题 ………………… 266

附录：学生来信选摘 ……………………………………… 268

第一章 绪 言

第一节 形式逻辑的对象

这门课程叫形式逻辑。形式逻辑是一门思维科学,它主要以人们思维的逻辑形式及其规则、规律为研究对象。

思维是认识过程中的一个阶段。认识依赖于实践,而认识本身又有两个阶段。实践是认识的基础,实践在认识过程中作用于认识,实践又是检验认识的真理性的标准。认识的过程总是由事物的现象的认识到事物的本质的认识。因而认识的过程是由生动的、直观的感性阶段和抽象的思维阶段所组成。在这两个阶段中,认识由感觉、知觉、表象,发展到概念、判断、推理;由认识事物的现象方面、各个事物的一些片面和表面的联系,发展到揭露事物的规律性与必然性,抓住事物的本质与规律。思维是认识过程中的在感性认识的基础上的对客观事物的间接的、概括的反映。所谓概括,即它是由一类对象中归纳所得而非止局限在一个对象中,正因此,思维才能圆满地把握事物的一般性、规律性与必然性;所谓间接,即思维虽以直接感知的对象为基础,却反映的是未被直接感知的对象。如孟浩然诗:"夜来风雨声,花落知多少",由夜来风雨,便知落红狼藉,就是一种间接反映。

概念、判断、推理等等,是思维赖以实现的思维形式。思维的内容则是客观事物在思维中的反映。内容不同的思维可以、而且事实是表现在相同的形式中的。思维内容与思维形式是一个思维过程中的两个不同的因素。形式逻辑不研究思维内容,不研究思维内容是否符合客观事物,不研究思维内容是真是假的问题;它研究的是关于思维形式的某些问题。但这不等于说形式逻辑研究的对象与思维内容无关,而只是说形式逻辑不去直接研究思维内容而已,事实上,思维内容与思维形式如前所说是紧密联系着的。

形式逻辑也不是研究关于思维形式的全部问题,它主要只是研究思维形式的组织结构,即思想的各个组成部分的联系方式及其规则、规律。具体说来,即它只研究作为组成判断的概念和由概念组成的判断的判断结构,作为组成推理的判断和由判断组成的推理的推理结构,以及由推理组成的证明的证明结构和这种种组织结构的规则、规律。

思维形式的组织结构是唯有形式逻辑才研究的对象。

什么是思维形式的组织结构?且举实例具体地认识一下。

1. 所有革命文化都是人民的革命的有力武器。

2. 一切革命的文艺都是人民生活在革命作家头脑中所反映的产物。

3. 任何树类是植物。

4. 全部三角形是几何图形。

以上这些都是判断这种思维形式。它们的内容是各不相同的,它们所反映的客观事物是各不相同的。但它们有着共同的结构,即它们都是由概念这种思维形式组织结构所成的,如革命文化、人民、革命、武器等等,都是概念;它们都是我们思考着的东西的概念,如革命文化、革命文艺等等,这叫作"判断的逻辑主词"。

又都有我们对思考着的东西的概念所断定的属性的概念,如人民的革命的有力武器、植物、几何图形等等,这叫作"判断的逻辑宾词"。此外还有个联系逻辑主词、逻辑宾词所标志的两个概念的"是"。这个"是"表示着那两个概念间的关系,叫作联系词,它并非一个概念。这就是这种判断的组织结构。这个组织结构,一般用一个[1]公式来表示。即"一切 S 是 P"(S——逻辑主词,P——逻辑宾词)。

1. 所有师范学校的学生是将来的教师。

　　我们是师范学校的学生。

　　所以,我们是将来的教师。

2. 所有的行星是球形的。

　　木星是行星。

　　所以,木星是球形的。

3. 一切字典是工具书。

　　《方言》是字典。

　　所以,《方言》是工具书。

以上三例都是推理这种思维形式。它们的内容不相同,但也有共同的结构。它们都由三个判断组成。每一个推理中,前两个判断是出发的判断,叫作"前提",后一个判断是由"前提"推出来的新的判断,叫作"结论"。每个推

---

[1]《漫谈自学经验及其他》——胡绳:"形式逻辑要求使用的概念必须前后一致,进行推理应当有必要的严密性,形式逻辑的有些内容看起来好像烦琐,但对锻炼正确的思维能力还是有益处的。"(《文史知识》1983.1,P7)

"复杂的道理中,总可以找到一个比较简明的逻辑程序,先抓到最要害的一点,然后使其他必须说到的各点各得其所地说到,这样就可以用比较简单的方法把道理讲清楚,所发的评论也就比较充分了。当然,找到这种逻辑程序不是很容易的事,说不懂,往往是因为还没有想清楚的缘故。"

理都由两个前提一个结论结构组成。再细看各个推理中都有六个概念,除去重复出现的,其实都只有三个概念。而前提中有一个共同的概念,恰恰就是它在结论中不存在了。这三个推理是如此的,所有这种推理中也莫不皆然。这就是这种推理的组织结构。这个结构,一般用一个公式来表示,即

所有 M 是 P

S 是 M

所以,S 是 P(S 是主词,M 是中词,P 是宾词)

这样,什么是思维形式的组织结构必已了然。思维形式的组织结构,一般又称之为"逻辑形式"。

形式逻辑也研究思维的逻辑形式的规则、规律。我们且看一个逻辑规则的例子:

"如果'有些 S 是 P'的判断是真的,那么'有些 P 是 S'的判断也必是真的"。联系具体的内容来看,如果"有些诗人是剧作家"这个判断是真的,那么,"有些剧作家是诗人"也必是真的。一样的根据,我们可以由"有些学生是共青团员"得出"有些共青团员是学生",由"有

些人是不善说话的"得出"有些不善说话的人",等等。

逻辑规则不是从某个具体思想,而是从具有同一逻辑形式的许许多多具体思想中概括所得到的。因此,它又能反过去运用于产生它的那种逻辑形式。

各种逻辑形式都有其自己的逻辑规则,形式逻辑研究各种逻辑形式也就又研究它们的规则。

贯穿于各种逻辑形式及其规则中的还有逻辑的基本规律。这就是同一律、不矛盾律、排中律和充足理由律。遵守这四个基本规律是使我们的思维正确、合乎逻辑的不可缺少的条件。因为遵守了这四个基本规律就能使我们的思维具有确定性、不矛盾性、前后一贯性、有充分根据性,而这种属性就是正确的逻辑思维必具的一个特征。形式逻辑自然也是研究它们的。

此外,形式逻辑还研究一些逻辑方法。这些方法却不是属于逻辑形式的知识。例如关于分类归纳法、关于假说的知识就是。这是因为历来把它们放在形式逻辑中传授,而且也有助于思维的正确,因此现在仍旧归属于此。

第二节　形式逻辑的性质

形式逻辑作为课程,是我们的一个文化基础课。首先,这是它的主要对象所决定的。思维的逻辑形式及其规则、规律是直接从人类思维,特别是人类的科学〖理论〗研究中抽象概括所得的。因而反过去,它也就适用于任何思维。我们学习了形式逻辑就能更好地理解、掌握各种科学、各种课程中的思维。因而从这一点上看,形式逻辑是我们学习其他各科的一个工具、助手,这就和语文知识之对于各门科学,数学之对于自然科学一样。

其次,形式逻辑的学习不能只是懂得它的道理、记得它的公式便成,而是要经过反复练习,养成熟练的技能和技巧才成的。

我们知道这两点,作为学习其他科学的文化基础和具有技能、技巧训练的性质,正是文化基础课的显著特点。

文化基础课不能代替其他任何专门课程的学习。如语法学得再好也并不能代替文学、政治等等。数学学得再好也不能就此不学物理、化学。同样,形式逻辑学得再好也不能代替其他任何专门知识的学习,专门知识必须另去学习。

另一方面,如前面所说的,各种科学、各门课程中也不能不有形式逻辑的知识。但那不是系统的,它们并不以此为内容,因此正像形式逻辑不能代替它们,它们也一样不能代替形式逻辑。学习形式逻辑是完全必要的。

作为基础课,形式逻辑和语法最为相近。形式逻辑的对象是很一般的、很抽象的。语法也是如此。语法的研究句子就是撇开句子的具体内容而只抽取句子的结构来研究的。这和形式逻辑的研究概念、判断、推理一样,也是撇开它们的具体内容而只抽取它们的结构来研究。

语法是没有阶级性的,形式逻辑也是如此,并且,形式逻辑还是没有民族性的,它是全人类交流思想的统一的逻辑工具。不过,和语法一样,它们的基本内容固然是没有阶级性的,形式逻辑甚至是没有民族性的,但运用它们和解释它们的观点却是有阶级性的。每个阶级都为自己阶级的利益应用、解释它们。

第三节　学习形式逻辑的意义[2]

这个问题上面已经说到过,自然并不充分。

形式逻辑中总结着人类思维的逻辑形式及其规则、规律。人类思维的逻辑形式及其规则、规律是人类正确思维的必要条件。所谓正确的思维,应该从思维内容的真假和逻辑形式的正误两方面来看。思维内容真实、逻辑形式正确,这就是正确的思维;思维内容虚假、逻辑形式或正或误便都不是正确的思维。所谓必要条件就是"有之未必然,无之必不然"的那种条件。在这个问题上,就是纵使思维符合形式逻辑所讲的道理,即从逻辑形式方面看没有毛病,这还不能保证这个思维是〖真实〗正确的(因为还主要要看内容的真假),但可以肯定这个思维如果没有符合形式逻辑所讲的道理,即从逻辑形式方面看是有毛病的,那它就一定是不正确的,即令它的内容是真的(因为思维的正确要从两方面看,缺少任何一面都是不行的)。

比如"白马非马",这是个虚假判断,是个不正确的思想。我们据此思维(推理),可以是

[2]知识是直接地间接地、推出的。遵守逻辑规律是在获得推出知识过程中达到真理的必要条件。(下说"思维"即推演、推理之谓。)

这样的：

　　　　白马非马
　　解放军骑兵的一部分马是白马
―――――――――――――――
　　所以，解放军骑兵的一部分马非马

这个结论当然荒谬，不正确。但如果只看其逻辑形式、规则、规律，即形式逻辑所讲的道理，那却是没有任何错误的。这是"有之未必然"的情况。

又如"《离骚》的作者是屈原"，"《屈原》是郭沫若1942年写的一个剧本"。这两个判断都真，是两个正确的思想，我们且据此思维：

　　《离骚》的作者是屈原
　　《屈原》是郭沫若1942年写的一个剧本
―――――――――――――――
所以，《离骚》的作者是郭沫若1942年写的一个剧本

这个结论也是空前荒谬，不正确的。但如果只看其前提的思维内容，却是百分之百正确的。何以从两个百分之百正确的前提推出了一个如此空前荒谬的结论？这就由于该思维违背了形式逻辑所讲的道理，不符合思维的逻辑形式及其规则、规律。违背了它就必然不正确。

这是个"无之必不然"的情况。

所以说,形式逻辑所讲的总的是使人们思维正确的必要条件。那么,人们之所以学习它,也就主要为了掌握这个使思维正确的必要条件。

本来,远在人类不知形式逻辑为何物时,人类也是在、而且常常是在正确地思维着的,也就是说不学习形式逻辑也不是每一思维便都错误,相反,正确的多。我们自己也是如此。不过,这种情形是自发的、无意识的、盲目的,因而有其缺陷性,特别是在比较复杂的思维过程中,这种缺陷性就愈益显著。系统地学习掌握了形式逻辑,便能使我们的思维自觉地保持正确,合乎逻辑。它的威力在愈复杂的思维过程中就愈加明显。自觉较之自发有无比的优越性。系统地学习了、掌握了形式逻辑,可以把自发的逻辑思维提高到自觉的程度。

掌握形式逻辑这个使思维正确的必要的条件,使自发的逻辑思维提高到自觉的程度,这就是人们——我们学习形式逻辑的基本意义。

至于联系我们的学习,较具体地说,那么学习形式逻辑对于我们充分、正确地接受书本、教师、同学的思想,正确地创造性地学习,充分正确地表达自己的思想(不管口头的、书面的)都是必要的。

对于我们即将接受的人民教师的光荣任务,学习、掌握形式逻辑也有非常重要的意义。教师有培养学生逻辑思维的任务。不管是在教学中传授具体的科学知识时,还是在日常生活的指导中,都应该有意识地、自觉地为完成这个任务而工作。不用说,为了胜任愉快地完成这个任务是需要多方面的条件的,诸如坚定的无产阶级立场、革命的人生观、相当的马列主义理论水平、丰富的具体的科学知识、广泛的生活经验等等,就中,形式逻辑的修养也是必不可少的。

比如各课分析文章,搞不明白它的篇章结构,抓不住它的论点,等等;课堂讲解语无伦次,重点不能突出,等等;批改习作不能在思想内容、语法修辞这些方面下笔,而不能在逻辑方面加以指导。这一切都多多少少说明了逻辑修养的不够。

可以举些具体的例子看。

如我们教语法。我们说"语法虽然讲的是抽象的东西,却是有其实际意义的",这全没有错。可是有一个(应该说是用功的)学生据此

做出了这样的推理:

语法有实际意义

词的分类是语法的一部分

所以,词的分类有实际意义

课后他来问你这对不对。如果没有逻辑知识,或有而不够,我们就根本看不出它有什么不对(这个推理中的三个判断全是对的,然而这个思维却是不正确的,逻辑上犯了错误)。这一次我们没有及时纠正他的错误,他就会在以后多次地、终于习惯于这样去思维了。这就是我们教师的错误所造成的严重后果。

初中学生的作文里常常出现诸如此类的逻辑错误。

1. 我的书桌上放着铅笔、纸和我喜欢的洋娃娃等文具。

2. 许多同学把自己的妈妈和长辈请到学校来参观。

3. 他不是共青团员,而是学生。

4. 我(想)写〖了〗一篇文章给墙报编辑部,可是(他们)没有〖被〗采用。

如果没有学过逻辑,我们也就不能指出这

些句子里的逻辑错误了。

总之,不学习形式逻辑,不学好形式逻辑,我们的确不能很好地完成培养学生逻辑思维的任务。学好形式逻辑,能提高我们的逻辑修养,即使小而言之,也是我们完成学习任务和将来的教学任务的一个必要条件。

第四节 我们学习形式逻辑时应注意的几点

1. 我们比较习惯于鲜明的形象。形式逻辑的对象十分抽象,因此学习时应耐心、留心。

2. 这门科学的组织严密、系统性很强,所以不能躐等,必须一步步扎实地学下去。前面忽略了那一部分,后面就要大感困难。[3]

3. 举例从内容上说,涉及的具体科学比较广泛,不限于文学。这是有必要的。但也都在大家知识范围之内。

4. 懂得了道理还不行,必须要随时运用,养成习惯,养成熟练的技能技巧。这一点前面已经说过,特别再提出来说一下。

5. 关于形式逻辑的争论,课内不能多说,请另外注意。

[3] 可在此介绍概况,说明精彩部分在三段论,难点在内涵、外延等。

第二章 概 念[1]

第一节 什么是概念？概念的作用，形式逻辑如何研究概念

在思维过程中，我们思考的客观事物和现象，在形式逻辑中叫作"对象"，对象之间有其相同和相异的性质、关系。这种相同和相异之点，形式逻辑中叫作"属性"。人在实践、在感性认识的基础上，对对象进行比较、分析、综合，就能把握一类类对象的一般的、也即属于整类对象的属性（类，一般是由若干个个别对象组成的，也可以是由一个对象组成的）。比如研究各种语言，我们就能发现、把握各种语言，也即语言这一类，具有"有词汇"、"有确定的语法结构"、"有民族性"等等一些一般的属性。

人们把握了对象的一般属性，也就形成了对于对象的概念，反映对象一般属性的思维形

[1] 确定性、无矛盾性、前后一贯性、有论证性，乃是逻辑思维的特征，其中确定性又是其他一些特征的根本和基点（《中国语文》1962.6 朱林清,《关于词义和概念的几个问题》）

式就是"概念"。比如:"桌子"、"黑板"、"原因"、"结果"[2]等等都是概念。

任何一类对象的一般属性都是非常多的。这种种属性,有的是本质的属性,即决定对象其他属性的最根本的属性;有的则是非本质的属性。这里所说的本质的、非本质的属性,是在绝对意义上说的。因为,根据不同的实践目的,对于人来说,对象的本质的、非本质的属性是有其相对性的。概念有的反映对象本质的属性,有的反映对象非本质的属性,就是说概念在反映对象的深度上是有不同的。如对于"水"的概念,在日常生活中,它反映着"无色无味无臭"、"是多种物质的溶剂"、"可以洗涤"、"可以解渴"、"可以灭火"等等属性。当然这些属性都不是水的本质的属性,水的本质的属性是"其分子由两个氢原子和一个氧原子组成"这一点。科学上的概念总是比日常生活中一般运用的概念要深刻得多。

可以说,概念是反映现实事物和现象的一般的和本质的属性的思维形式。

概念中所反映的对象的一般的属性和本质属性也就是使对象区别于其他(类)对象的区别点。概念可以用来区别对象。另外还有

[2] "大"、"小"、"高"、"低"。

一种叫作"标志"的东西也可以区别对象。标志如名称、记号等就是。因为概念和标志都可以区别对象,所以最容易把两者混淆起来,其实两者是根本不同的东西。概念之所以能区别对象,因为它本来就概括着对象本身具有的属性。这些属性正是使对象区别于其他对象的。而标志则完全是对象外部的东西。概念所概括的东西中不包括标志,而标志也根本不是概念。第一章所举例中"屈原"作为名称,不是概念,那里作为概念,应该说成"屈原这个人"、"《屈原》这个剧本",以后把名称说作概念,都是类似的简略形式。

概念是一种思想,它从性质上不同于感性认识阶段中的感觉、知觉、表象。概念的特征是它的抽象性和概括性(概念自身的抽象性、概念性有程度上的不同)。

概念在我们的认识中,在我们思维中的作用,可以从两方面来说。一、概念小结或总结着我们在一定发展阶段中对对象所具有的认识;二、概念是我们思维过程的基本组成因素,了解概念是了解思维过程的基本条件。说得具体些,概念是判断的组成因素,了解概念是了解判断的条件。

我们在第一章中已经知道"一切 S 是 P"这种判断。这种判断由 S、P 两个概念组成。那里的几个例子中的概念全部是我们所了解的,因此,那几个判断我们也是了解的。换一种情况,比如下面的判断:

1. A 型判断的主词是周延的。

2. 带证式是前提至少有一个为省略推理的复杂推理。

这两个判断,没有学过形式逻辑的人就不能了解。因为他们没有把握了解这两个判断的条件,即没有了解组成这两个判断的概念。

形式逻辑对于概念,就正是,而且只是从概念作为判断的组成因素这一方面来进行研究(概念)的。它研究的是概念的内涵、外延、种类、关系,以及精确掌握概念的几种逻辑方法。

第二节　概念的内涵和外延[3]

（重点章节、细讲）

[3]加反映关系的概念的内涵与外延。

概念的内涵是概念所反映的对象的属性的总和,也就是概念的含义。

如"人"这个概念的内涵是一切人所具有

的一般属性的总和,诸如"能直立行走"、"有语言"、"能思维"、"会制造工具"等等。"民族"这个概念的内涵是构成民族的全部的一般属性,诸如"有共同地域"、"有共同经济生活"、"有表现于共同文化上的共同心理"等等。"文学"这个概念的内涵是"用形象反映现实"、"是语言艺术"、"具有美学意义"等等。

概念的内涵随概念的不同而有多有少。"人"和"中国人"这两个概念,前者的内涵就不如后者的多。"中国人"这个概念除了具有"人"这个概念的内涵外,还具有只有"中国人"所具有的许多属性,如"富有革命性"、"富有创造性"、"主要用汉语"等等。"学生"又不如"师范学生"的内涵多,"师范学生"具有"学生"的内涵,又多出如"以教育事业为终生事业"等"师范学生"独具的许多属性。

概念的外延是概念所反映的对象的总和,也就是概念所反映的对象的范围。

如"人"这个概念的外延是人类历史上已经出现、将要出现的人的全部。"民族"这个概念的外延是世界上有过和存在着的一切民族。"文学"这个概念的外延,是人类任何历史阶段、任何民族、任何国家、任何阶级、任何流派的文学。

概念的外延随概念的不同而有宽有窄,比如"沙粒"、"原子"这两个概念的外延就宽到无计其数;"鲁迅"、"赵树理"这两个概念的外延窄到只此而已。

概念的内涵和外延,这是概念的不可分的质和量的两个方面,是概念的逻辑特征。形式逻辑正是、而且只是从这两方面,特别是外延这一方面着手来研究概念的。

概念的内涵和外延常常发生变化,这有两个原因。一、事物本身变化,反映事物的概念也就随之而发生变化;二、人的认识不断深化,概念也就随之而发生变化。不过,形式逻辑并不研究概念在内涵和外延上的变化,它只要求人们在一定时期,根据事物的实际情况、认识的实际水平,来确定概念的内涵和外延。

概念有确定的内涵和外延,就是概念有确定的思想范围。概念有确定的思想范围就能作为判断的组成因素。这里应该提到概念有真假之分,如实地反映了客观的事物和现象的概念都是真实的概念。我们从一开始到现在所讲到的概念都是真实的概念。虚假的概念如"天堂"、"妖精"、"地狱"、"美人鱼"等等,它们是对现实的歪曲的、曲折的、主观的反映之产物；但它们也是有其确定的思想范围的。我们说"共产主义是天堂，人民公社是桥梁"用了"天堂"这个概念而大家可以了解。我们说"美国是一个阴森的地狱"，用了"地狱"这个概念大家也没有误会，就是这个道理。所以，这些虚假的概念也可以作为组成判断的因素，也有其逻辑特征。

附带指明，我们所熟悉的文学艺术上的形象典型，如"阿Q"、"吴荪甫"不必说，就是"孙悟空"、"猪八戒"以及《聊斋志异》中的不少"狐狸精"、"鬼"也都是作家对现实的真实的深刻的艺术概括的产物，虽然现实中并没有作为个别的它们的存在。如果可以只从思想这个角度去看，那它们也都是个概念，也都是真实的概念，而非虚假的概念。

又，语言文字上的"用词不当"，只从概念上看，一般就由于没有明确概念的内涵、外延而乱用或滥用的。

第三节 概念的种类

（重点章节　细讲）

按照概念的外延,可以把概念分为单独概念、普遍概念、集合概念。

（一）单独概念。　它是反映一个对象的概念,只适用于那个个别对象。如"北京"、"苏州师专"、"高尔基"、"李时珍"等等。[4]

（二）普遍概念。　它是反映一个由许多个别对象组成的类的概念,它适用于该类中任何一个个别的对象,如"苏州的大专学校"、"作品"、"教室"、"人"、"牛"、"战争"、"歌曲"、"收获",等等。

普遍概念有两种,一种由于它反映的对象在数量上是可以准确计算的,叫作"有限的普遍概念"。如"苏州的大专学校"、"鲁迅的著作"、"京沪路上的车站"等等;一种由于它反映的对象在数量上[5]无法加以准确计算,叫作"无限的普遍概念"。如"作品"、"人"、"恒星"等等。

（三）集合概念。　它是把一个由许多个别对象组成的类,当作一个不可分割的整体来反映的概念,它适用于这个整体而不适用于整

[4]与观念不同而很相似。观念指的是某一对象的主观形象,如"鲁迅"的声容笑貌的整个印象,凡见过他的人都能得到;概念则不同。毛泽东说"鲁迅是中国文化革命的主将……"是精辟的对于鲁迅本质的认识,即鲁迅这一单独概念所表示的。当然两者在思维过程中常是紧联的。我们只有……
[5]（在一定水平上）

体中的个别对象。如"丛书"、"星座"、"《诗经》(这个诗歌总集)"、"《李太白全集》"、"学生界"等等。[6]

集合概念也有两种。一种是"普遍的集合概念"。如"丛书"、"森林"、"山脉"[7]，由于它反映的是许多不可分割的整类。一种是"单独的集合概念"。如上举的"《诗经》"，又如"《语文学习》丛书"、"苏州学生界"、"大熊星座"、"昆仑山脉"等等，由于它反映的是一个不可分割的整类。

按照概念的内涵，可以把概念主要分为具体概念、抽象概念。[8]

（一）具体概念。 它是反映对象整体的概念，它全部地反映了对象的属性，综合了这全部属性就足以回答"这是什么"的问题。它反映的是现实中具体存在的对象，可以是一个具体对象，也可以是许多（是一个类）具体对象，如"人"、"桌子"、"粉笔"、"句子"、"人造卫星"、"《为了忘却的记忆》（这篇文章）"等等。

（二）抽象概念。 它是抽取出对象的某一属性或某种关系在思想中作为独立对象加以反映的概念，如"大"、"小"、"高"、"低"、"雄伟"、"美丽"、"勇敢"、"勤劳"、"大于"、"小

[6] 一打、军、师、一定人数的战士集团、十二个同样的东西、工人住宅区

[7] 图书馆、合作社、民族、阶级、足球队

[8] 肯定概念——它反映客观对象的某一属性是存在着的。如"美"、"有机体"、"平等"……"美"反映它的客观对象具有美的特性；"有机体"实际具有"有机性"；"平等"表示具有平等性。所以它们都是肯定的概念，即肯定客观对象之具有某一特性。

否定概念——它反映客观对象缺乏某一特性，其特性并不存在于对象中。如"不

美",缺乏美的性质;"无机",缺乏了"有机性";"不平等"缺少了平等性。普通否定概念用"不"、"无"、"非"标示出来,但也有无此标记而为否定概念的。如"盲"、"聋"、"残废"……还有表面看是否定而实是肯定的概念,如"不松"即紧;"无价"表示价值太高、无法估计之类就是。何以判别? 不能只就外表形式看,而需要就其本身意义来断定。(备考,不讲。)

[9]集合概念有时也可当作普遍概念用,如此就成为普遍的集合概念,如"军",我们把它当作单位而成为"第一军"、"第二军"时就是。

于"、"相等"、"团结"、"先后"等等。

以上的分类是从不同的根据划分出来的。对于任何一个概念都可以用这些根据去做不同的分析。一个概念都是同时是这种又是那种概念。比如"学生界"这个概念同时是普遍的、集合的概念、具体的概念。"高度"这个概念同时是普遍的、抽象的概念。什么时候应该明白地指出概念为哪一种概念,这就要看实践任务、认识任务如何而定。

形式逻辑中这样分类为的是使人准确认识概念、运用概念,所以,准确分析概念为哪一种概念有很大的意义。为了准确分清概念,分清它为哪一种概念,有一些问题应该注意。

(一) 前面说普遍概念适用于该类中任何一个个别对象,也适用于该类整体。前者是在分别意义上用的,后者是在整体意义上[9]用的。在某种情况下,它是在分别意义上用的,抑或是在整体意义上用的,这就要仔细分清楚。因为在两种情况下,这个概念的逻辑含义是不同的。比如(1)"鲁迅的小说最长不过三万字",(2)"鲁迅的小说不是三两天就能看完的"。在(1)中"鲁迅的小说"这个普遍概念是在分别意义上用的;(2)中它是在整体意义上用的。分清它在什么意义上用的,应该联系上下文的意思[10],在思想的联系中来确定。

[10]同一时间、同一地点、同一关系

（二）单独概念也可以在普遍意义上来运用,也要分清楚。如过去有人说"鲁迅是中国的高尔基",现在有人说"玉门是中国的巴库"。"高尔基"、"巴库"这两个单独概念,在这两句中就分别是在普遍意义上用的。[11]

[11]谓之从单独概念转化过来的普遍概念,并就断定属于何种,不能只看形式,而需要根据它们本身意义。

（三）集合概念不能用于类中的个别对象,但有些人这样说:"你是个群众[12]（你不是干部或团员）",把"群众"这个集合概念用于它的一个组成分子上了。这应该说是不纯洁的语言,从逻辑上看是错的。

[12]在特殊意义上可通,此例不妥。

（四）具体概念是说它完整地反映对象的全体一般属性,并不是说这个概念本身是具体的(概念本身是抽象的)。抽象概念是说它反映的属性关系是抽象的,并不是说这个概念本身是抽象的(一切概念的本身都是抽象的,这不待言)。所以,分析概念不能把作为概念的特性的、概念的抽象性和概念内涵的抽象性混为一谈,不能把概念的特性的、概念的抽象性和概念内涵的具体性视为矛盾、不相容。

（五）多种概念结合成一个语法里的词组,仍然是一个概念。如"勇敢的人"、"苏州的夜"。在这种情况下,"勇敢的人"中的"勇敢"、"苏州的夜"中的"苏州"不再是独立的概念。这两个例子都是普遍的概念,又是具体的概念。

以上所说应注意的问题自然还不完全,有待补充。

最后,提一提"范畴"。范畴是科学上的一些最基本的概念,其中哲学的范畴的外延最为宽广,它的内涵是指的对象及其间一些最根本的特性和关系,如:"物质"、"运动"、"内容"、"形式"、"质"、"量"等等。范畴不在形式逻辑研究的范围以内,所以不予讨论。

第四节　概念间的关系

(内涵部分不讲,重点章节细讲)

概念间的各种关系列表如下:

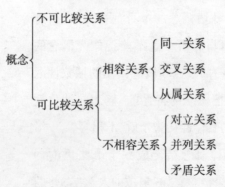

概念间的关系。形式逻辑是从概念的外延方面来考察的,所以这里所说的概念间的关系,也即概念外延间的关系。这种关系是客观对象固有关系的反映。

我们所以要研究概念间的关系,是为了精确概念应用的范围,以便准确理解和准确运用概念。

概念间的关系,首先应分为可比较的关系和不可比较的关系。

不可比较的关系,是一些概念间没有关系或关系极为疏远,难以比较(而且即使比较了,对我们也没有任何实际意义)。处于这种关系中的一些概念,称之为"不可比较的概念"。如"正方形"和"幸福"、"磁石"和"手法"等等。

可比较的关系,是一些概念间的关系十分密切或相当密切,因之可以对它们进行比较(而且有进行比较的必要,这样做对于我们的思维和实践都具有作用)。处于这种关系中的一些概念,称之为"可比较的概念"。

形式逻辑只研究可比较的关系——可比较的概念。

在可比较的关系中,又首先应分清相容关系和不相容关系两种。相容关系,即外延至少有一部分互相重合的概念之间的关系。不相容关系,即外延没有任何部分重合的概念之间的关系。所谓"重合"即相交相同。有前一种关系的概念,叫作"相容概念";有后一种关系的概念,叫作"不相容概念"。

相容关系,进一步细分,计有同一关系、交叉关系、从属关系三种;不相容关系,进一步细分,计有并列关系、矛盾关系、对立关系三种。[13]

(一)同一关系 它是两个(或两个以上)概念间的、外延完全重合的关系。如"《狂人日记》"和"标志着中国新文学运动伟大开端的那篇小说"、"北京"和"中华人民共和国的首都"、"司马迁"和"《史记》的作者"和"开创纪传体史书体例的伟大史学家"等等。处于这种关系中的概念,称为"同一概念",它们之间的这种关系,可以用下图表示:

(圆表示外延,A、B、C分别表示概念,以下类此)[14]

同一概念是几个概念,它们反映的是一个

[13] 其中并列关系有相容的和不相容的之分,可独立,也可置为过渡者。

[14] 同一律应用在概念方面的意义是:概念本身是同一的,不矛盾律⟷确定性。
概念不可是某种与本身有区别的东西,排中律:每一概念或者等同于另一概念,或者不同于另一概念。充足理由律:假如为某一概念引证了充足理由,那么这个概念就可以被认为是真实的或正确的。

共同的对象,因而外延是完全重合的。[15]

我们且从内涵方面来看同一概念。同一概念反映的既是同一对象,其内涵照说应该完全一样,但上面说过,人由于实践目的的不同,便对对象作不同角度的反映,因此,在对同一对象的反映中,由于角度不同,便有了不同的反映。也就是说由于实践目的不同,反映角度不同,对同一对象的概念的内涵便会不同。如刚才举的例子,"《狂人日记》"这个概念便是就它作为一篇小说,具有小说的属性来反映的。"标志着中国新文学运动伟大开端的那篇小说"则是就它在中国文学运动中的伟大意义这方面来加以反映的,内涵自不相同。另外,人认识同一对象,把握同一对象属性的深度不同,广度不同。因此,也形成了对同一对象的不同概念。[16]所以,同一概念是对同一对象的不同属性的不同的反映,它们的内涵是不相同的。〖词、诗余、曲子、长短句〗

这应该留心把它和内涵也相同的一个概念清楚地分辨开来。内涵相同、外延相同的只能是一个概念,如"洋火"和"火柴"、"小孩"和"儿童",这是一个概念(不是"词")而不是同一概念。

[15] 但每一对象都具有大量的构成不同的组的属性,能在不同情况下,可以借助不同组的属性来思考。

[16] 此外,特别是人们因自己的不同阶级利益,便也对对象(主要是社会现象)有其不同的概念。

（二）交叉关系　它是两个（或两个以上）概念间的、外延部分重合的关系。如"共产党员"和"教师"、"亚洲国家"和"社会主义国家"、"诗人"和"剧作家"和"历史学家"等等，处于这种关系中的概念称为交叉概念。用图表示如下：[17]

[17] 当交叉部分只有唯一的一个对象与之相应时，这种情况即交叉概念的关系的一种极限的情况。

交叉概念反映的是两类对象，内涵自然并不相同，只是与交叉部分相应的对象兼有几类的属性而已。

（三）从属关系　它是一个概念的外延完全被另一个概念的外延所包含的那种关系。如"鲁迅的作品"和"鲁迅的小说"、"苏州的大专学校"和"苏州师范专科学校"、"双子叶植物"和"蔷薇科植物"和"桃"等等。处于这种关系中的概念，称为"从属概念"。用图表示如下：[18]

[18]（□只同一、对立、从属、交叉四种非□"推演"）（矛盾在此中，不是概念 A 的推演）
"屋子"指的是一个房间；
"房子"指的是一所住宅。

从内涵方面看,它们有共同的内涵,即被包含的概念的内涵中具有包含它的概念的内涵,而又有它自己独特的内涵。(这是更重要的)[19]

在形式逻辑中,一个概念的外延包含另一个概念的全部外延,这个概念对于外延被包含的概念来说,叫作"种概念",或者叫作"上位概念";一个概念的外延被另一个概念的外延全部包含,这个概念对于在外延上包含它的概念来说,叫作"属概念",或者叫作"下位概念"。还有在两个以上的从属概念中(如上举最后一例),直接包含另一概念的种概念,对这另一概念来说,叫作"最邻近的种概念",而这另一概念对直接包含它的概念来说,叫作"最邻近的属概念"。

(四)并列关系　它(同位概念)是包含在同一个种概念外延中的几个属概念外延间的平行的关系。如"钝角"、"直角"、"锐角","剧作家"、"诗人"、"作曲家"等等。处于这种关系中的概念,称为"并列概念"、"同位概念"或"并列的诸项"。其间关系可以表示如下图:

[19]逻辑中种、属是相对的(非概念的绝对的逻辑特征),生物学中的属和种则是非相对的意义的。

从属关系可以存在于两个普遍概念之间,也可存在于普遍概念与单独概念之间,在后者的情况下,上位概念叫作"属",那下位概念叫作"个体"。

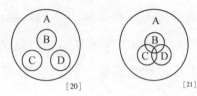

（图中 A 是种概念，B、C、D 是属概念）[22]

[20] 概念本身是并列而又相容的。1.并列而无可相容性的，2.并列而有可相容性的，只有已可以进行相类的推演。

[21] 概念本身是并列即可以相容的，并能运用与相容。

[22] 此前□□，盖此种情况是特定对象同时具有□□概念之内涵……这是"相乘"的推演，应去掉之也。

[23] 此"人大"之说，不能无疑□□此相容也。按"高、□"亦同，而不相容概念则为矛盾、对立两种，并列关系则又提出独立□理较好，分为不相容的并列概念与相容概念的并列两种，并说区别清这两种，对于研究如何运用概念进行逻辑思维活动或逻辑推演是很重要的。此问题可研究。

并列概念对其种概念来说是属概念。在它们之间则互为并列概念。并列概念之间的关系可以是相容的，也可以是不相容的。[23]

并列概念的内涵问题，可参看从属概念、交叉概念部分，不赘。

（五）矛盾关系　它是同一个种概念之下的两个外延互相排斥的属概念间的关系，这两个互相排斥的属概念的外延之和，就等于那个种概念，如"马克思列宁主义"和"非马克思列宁主义"、"气体"和"非气体"等等。处于这种关系中的概念，称为"矛盾概念"，可以用下图来表示其关系：

《平》

《仄》　　　　　　　　　　（圆是种概念的外延）

〖仄或曰侧也，即不平。〗

矛盾概念有共同的内涵，即种的内涵。但就它们本身的内涵说则互相否定，是不同的

〖这是更重要的〗。矛盾概念中总是有一个内涵确定的概念,如"马克思列宁主义"、"气体",而和它相排斥的那个概念的内涵则总是不确定的,如"非马克思列宁主义",包括种种不是马克思列宁主义的所谓主义,而到底指其中的哪一种则并不确定。"非气体"到底是"液体"、是"固体"还是"等离子体(区)"也并不确定。

只有在这种情况下,矛盾概念才都有确定的内涵,即矛盾概念(它们是并列的、不相容的属概念)的最邻近的种概念,根据某种属性看,只有两个互相排斥的属概念,此外再没有其他什么概念存在。在这种情况下,这一对矛盾概念的内涵自然都是确定的。如"女人"和"非女人","和平民主阵营"和"非和平民主阵营"。"非女人"自然是"男人",因为再没有第三性的人;"非和平民主阵营"之确为"帝国主义侵略阵营"也同此理。

(六) 对立关系　它也是同一种概念之下的两个外延互相排斥的属概念间的关系,只是这两个互相排斥的属概念的外延之和小于那个种概念。如"社会主义社会"和"资本主义社会","白"和"黑"等等。处于这种关系中的概

念,称为"对立概念",以图表示其关系如下:

(圆表示种概念的外延,B、C表示对立概念)

在内涵方面,对立概念不同于矛盾概念的地方只在于两个概念都有确定的内涵,即一个概念不仅像矛盾概念一样否定另一个概念,而且还进一步明白肯定着与另一概念反映的属性对立的是什么属性。

以上是概念外延的六种关系,其中并列概念是相对于从属概念而言的一种关系。[24]矛盾关系、对立关系又都是并列关系的特殊情形,即两个属概念间的关系,而并列关系则着重单指两个以上的属概念之间的关系(另一种分为五类的)。

有许多混淆概念的逻辑错误,除了别有用心,一般常常就是由于没有分清概念间的关系而引起的。

[24]"这是指种概念下诸属概念之间的关系。同一种概念下的(不相容)诸属概念称为并列概念。"(一个种概念,多个属概念。)

第五节 概念的扩大和限制

这是一种逻辑方法〖使概念明确的方法〗。[25]

上说有的概念间有种、属关系存在(这叫作"从属概念"),本节的逻辑方法就应用在有这种关系的概念上。

概念的扩大就是使外延较小的概念扩大到外延较大的概念去的一种逻辑方法。如我们可以从"大学生"扩大到"学生"再扩大到"知识分子",这时,概念的外延就一步步在扩大。

概念不断扩大也有极限。极限则是哲学范畴,因为它的外延是最广的了。

概念的限制就是使外延较大的概念收敛到外延较小的概念去的一种逻辑方法。譬如,我们把上面的例子反过来就是。它和前一种方法恰恰相反。

概念不断在限制也有极限,即"单独概念",因为它的外延最小。

在这两个相反的思维过程中,外延变化的情况已如上说,且看内涵的变化。在上举的例

[25]概念的推演。它是一种逻辑活动,这种活动的结果不是形成判断,而是形成新的概念。基本的概念推演有:(1)概念"相加"的推演;(2)概念"相乘"的推演;(3)否定概念A的推演。
[26](1)"相加"如"动物"和"植物"相加,形成"生物"[A B]。"数学家"和"科学院院士"相加,形成一种新概念,其中包括的有不仅是科学院院士的数学家和非科学院院士的数学家,而且还有是数学家的科学院院士[A B];"检察长"和"法学家"相加,形成新概念,其中包括的不仅有非检察长的法学家,而且还有是检察长的法学家

[⊙]。逻辑中常用"或"表示相加的推演（此是非选言的意义）。"A或B"这个概念的外延，就是与概念A和概念B相适应的两个集的结合，这不依赖于这些概念存在着什么关系。

（2）"相乘"如"作家"（A）和"苏联最高苏维埃代表"（B）相乘，就在于找出与AB相应的集的共同分子，即这些分子同时是作家又是苏联最高苏维埃代表[⊙]，如"苏联文学作品"（A）和"文学作品"（B）相乘，结果是[⊙]。阴影部分表示同时是苏联文学作品的那些文学作品的整个集。如果对"无产者"和"资本家"相乘，由于AB没有其目的分子，所以同时是A又是B的(人们)这个集就是定集——通常用"并且(是)"

子中，概念在扩大过程中外延一步步扩大，其内涵则一步步在减少。"学生"较之"大学生"，少了"大学生"独具的属性。"知识分子"较之"学生"又少了"学生"独具的属性。在限制的过程中情况恰恰相反，外延在一步步缩小，内涵却在一步步增添起来。

非常明显，不管在扩大或限制的过程中，概念的内涵和外延都存在着反比的关系，如果概念的外延愈来愈大，则内涵便愈来愈小；如果概念的外延愈来愈小，则内涵便愈来愈多。这是一条规律，称为"概念的内涵于外延的反比关系律"。

这种方法是我们在思维中常常运用的。

第六节 划 分

划分是揭示概念外延的逻辑方法，即把种概念分为各个属概念，也就是把概念所反映的对象的种，分为各个类。如对"文学"我们可以划分为"诗歌"、"小说"、"散文"、"戏剧"；对"学校"可以划分为"初等学校"、"中等学校"、"高等学校"。

划分是把种概念的属概念列举出来,所以单独概念显然就不能作划分。划分只适用于普遍概念。又,如果"苏州师范专科学校"分为"教室"、"寝室"、"礼堂"、"运动场"、"图书馆"、"办公楼"……〖文史科、理化科、数学科亦然〗,这乃是把事物——对象分解为各个组成部分,不是这里所说的划分。它们的区别在于划分出来的属概念保持了原来的种概念的全部内涵,而分解出来的各个组成部分却失去了原概念的内涵。"苏州师范专科学校"有"苏州专区所属最高的师范学校"这一性质;如果把这一性质归之于我们的教室、寝室……〖文史科〗,那就成为笑谈了。

从结构上看,划分有三个要素。上例中"文学"、"学校"是被划分的种概念,叫作"划分的母项","诗歌……"、"初等学校……"是划分母项外延所得的属概念,叫作"划分的子项"。此外,有一个做这样划分的根据,这个根据是从母项众多属性中选出来的一种属性,这种属性可以把母项外延划分作囊括它外延的若干子项。这叫作"划分的根据"。如对"文学"进行上说的划分,"划分的根据"是"形式"。对"学校"进行上说的划分,其根据

这个连结词来表示"相乘"的推演,概念 A 和 B 的外延为既属于与 A 相应的集,又属于与 B 相应的集的一些分子。

(3) 对"哺乳动物"的否定,就形成"非哺乳动物"这个概念,而这两个概念形成了我们讨论的领域(脊椎动物)。此时 A、非 A 相加就等于 1(A 或非 A = 1) [A 非A]。在不同论域中,非 A 表示的 B 是各个不同的概念。

否定非 A 就又形成原来的 A [非(非 A) = A′] 通过否定的推演,而相互得出的概念存在着矛盾关系。

是"程度"。

母项的属性很多,选取任何一种都可以据以进行划分。有时我们对"文学"进行如上的划分,有时也对"文学"作这样的划分:"古典文学"、"近代文学"、"现代文学"、"当代文学";有时又作这样的划分:"中国文学"、"外国文学"等等。选择哪一属性来做什么样的划分,主要是随着我们的实践目的而定的。

划分可以分为一次划分和连续划分两类。上举的例子都是一次划分的。一次划分即把原概念只划分一次就止;连续划分是把划分后得到的子项再进行划分,如此,一直到满足需要为止。如把"图书"先划分为"自然科学"、"社会科学"、"哲学",而"自然科学"又分为"化学"、"物理"等等,"社会科学"又分为"历史"、"地理"等等。然后,"历史"还可以分为"上古史"、"中古史"、"近代史"、"现代史"等等。

一次划分中,有一个特殊的、常用的划分方法,即"二分法"。如把"文学"划分为"诗歌"和"非诗歌",把"学校"划分为"高等学校"和"非高等学校"。二分法是根据有无某一属性来划分的,其子项为矛盾概念。二分法用于只需要了解、只需要注意其中内涵、外延确定的部分时。二分法的优点是简便。

应该注意把"人"分为"男人"、"非男人",把"词"分为"实词"、"非实词"是二分法;把"人"分为"男人"、"女人",把"词"分为"实词"、"虚词"不是二分法,而是一般的一次划分。

关于划分有几条规则。

1. 划分应当适度。即划分所得的子项之和应该等于母项的外延。如果划分后子项之和小于母项的外延,就犯了"不完全划分"的逻辑错误;如果划分后子项之和大于母项的外延,就犯了"多出子项划分"的逻辑错误。如"文学"划分为"诗歌"、"小说"、"散文",就犯了"不完全划分"的错误;划分为"诗歌"、"小说"、"散文"、"戏剧"、"杂文",就犯了"多出子项划分"的错误。

2. 每次划分中根据只能有一个。错误的例子如"测验分口头的、书面的、检查性的",这里就有了两个根据,一个是进行方式,一个是进行目的。这种错误是由于根据不确定所致。

连续划分中要作几次划分。第一个母项按这个根据,第二个母项按那个根据,第三个母项又按第三个根据来划分,这仍是符合这一规则的。

3. 划分的子项必须互相排斥,即划分的子项概念的外延之间必须是不相容的并列关系,而不能是其他关系。违反了它便要犯"子项不互相排斥"的逻辑错误。如"语言"划分为"日常语言"、"民族共同语"、"方言土语"、"文学语言",子项间就有交叉关系;又如"战争"划分为"正义战争"、"侵略战争"、"解放战争",子项内就有相容关系、从属关系,并非互相排斥的,都是错的。

4. 划分不可越等,即各个子项必须是其母项的最邻近的属概念。如过去分"自然界"为"动物"、"植物"、"矿物",就是越等的。正确的划分应是先把"自然界"划分为"有机物"、"无机物",然后再作进一步的划分。

在划分中还有一种叫作"分类",应该特别提出来说明。〖科学〗分类也是划分,它和一般划分不同之处在于分类是根据对象的本质属性、事物的内部联系来做的划分。上面说过,一般划分并不要求其根据为对象的本质属性，因而分类较之划分有更大的稳定性，有更大的科学价值和实践意义。系统的科学分类不仅按一定的系统和秩序排列了研究对象，便于科学研究，而且还可以帮助我们了解对象间的内在联系和规律性，从而促进科学研究的发展。马克思对人类社会历史形态所作的分类和门捷列夫对元素所作的分类都是最有名的分类。[27]

第七节 定 义[28][29]

定义是揭示概念内涵的逻辑方法，也即指出概念所反映的对象本身有些什么重要属性。

逻辑上说的定义有两种。

第一种如：1. 人是能思维的动物；2. 水是无色无味无臭透明的液体。

第二种如：1. 人是能制造生产工具的动物；2. 水是由两个氢原子和一个氧原子组成的化合物。

第一种定义中仅仅提供了该概念表示什么对象，仅仅揭示了该概念反映的对象与其他一切对象区别开来的一些特征。这种定义在

[27] 可以计算的地球的年龄分为"代"，"代"主要是根据生物界的发展阶段划分的（新生代、中生代、古生代、元生代、太古代）。"代"下分成几个"纪"，往下分，纪还能分成"时"……

[28] 1. 实质定义
　2. 名义定义（语词定义）即对语词之解义的说明。
　3. 发生定义。

[29] 下定义中包括"分层界说"，如《关于民族资产阶级和开明绅士问题》中，先对中国现阶段革命的性质作了规定，进而对规定中"人民大众"作了界说，进而又对"学""商"和"其他爱国人士"一一作了更进一步的具体阐释，经过这样分层界说，每个概念确定明晰，因而整个思想也就更确切、明晰、深刻。

逻辑上叫作"区别定义"。[30]

第二种定义中,则不仅揭示了该概念表示什么对象的知识,而且还揭示了该概念所反映的对象的本质属性的知识。这种定义在逻辑上叫作"科学定义"。它比区别定义又要深刻得多。[31]

定义是由两个部分组成的。1. 即要揭示其内涵的一个概念,叫作"受定义的概念";2. 即用以揭示受定义概念内涵的一个概念,叫作"能定义的概念"。[32]

下定义有两种方法。

1. 通过最邻近的种加属差来下定义是最常用的。这个方法分两个步骤进行。首先是把受定义概念看作属概念,再找出它的最邻近的种概念是什么;其次是寻出受定义概念的并列概念和它加以比较,找出它独具的属性(即属差),然后用一定形式表达出来。如上举各例都是用这种方法来下定义的。通过这种方法得出的定义叫作"种加属差定义"。这种定义的公式是:A 是 Bc(小写的 c 是属差,其他不具)。

2. 通过指出受定义概念所反映对象的发生、来源方面的特征来下定义。通过这种方法

[30] 这是我们日常生活中经常运用的,目的只在于把一个对象跟其他对象区别开来,它没有严格的科学意义。

[31] 但日常生活中,我们却更多地运用区别定义。

[32] 定义揭示出概念内涵中的基本部分(主要部分)。基本的特性有二,即最邻近的种和属差。练习一,例:对于菱形,什么概念是它的最邻近的种概念。平行四边形、四边形、多边形、任何图形。

得到的定义叫作"发生定义"。它是种加属差定义的一种特殊形式,公式也同,即结构也同。属差是特定方面的特征。如"帝国主义是由自由竞争进入到垄断的资本主义"、"圆是绕一定点作等距运动而形成的封闭曲线"。

下定义时,最邻近的种概念为众所周知时,就常常在文字上省略掉。

最高的种概念——范畴不能用上说的两种方法去下定义。单独概念也不能。因为它虽与范畴不同,有种概念,可是它反映的是某一单独个体,而单独个体和其他个体相区别的特征太多,无法概括地举出它的属差。此外,某些抽象概念甚至不能下定义,因为这些概念的属差很难指出来。如"直接"、"干燥"、"黄色"等等。这是下定义的局限。[33]

在这种或者别有需要的情况下,便可以借助于"类似定义的方法",如"指示",即把对象指示给对方看,说给对方听。如"比喻",即借另一个概念来和要说的概念相比,给对象做个直观的说明(毛主席曾用"小脚女人"来比喻农业合作化运动中的右倾保守主义者就是一例)。如"描写",即列举对象多方面的许多属性或列举对象一方面的若干属性刻画出对象

[33] 给新概念下定义,只可利用已知的概念……有许多原始的概念,在它们以前不再有任何已知的概念。这些最先的概念不能给予定义(不陷入恶性循环的错误中),所以应用时不加定义,并称之为无定义概念,或原始概念。如:点、直线、平面、数,等等。我们描述这些概念(并)列举它们的特性以代替定义。

(文艺作品中这是个基本手段)。如"区分",即从比较中找出对象间的区别点,以揭示对象的某些特性。

在类似定义的方法中,"词的解释"应该特别提出来,它是我们语文教学中常常运用的。它不是定义,仅仅解释词的意义并不揭示概念的内涵。如"鲁迅的作品是鲁迅先生所写的作品"、"形式逻辑是一门科学的名称"、"范畴是最高的概念的名字"等等。

关于下定义有下面这些规则,我们下定义时应该全部遵循。

1. 定义必须是适度的,即受定义概念的外延应当等于能定义概念的外延,否则就会犯"定义过宽"的错误(如"形式逻辑是一门研究思维的科学")或者"定义过窄"的错误(如"形式逻辑是一门研究逻辑方法的科学")。

2. 定义不可循环。定义的循环表现为下列两种情形:A. 能定义的概念必须借助于受定义的概念才能成立,这种错误叫作"恶性循环",如"圆周是圆弧构成的闭曲线",其中"圆弧"是什么,又必须借助"圆周"才能解答:"圆弧是圆周的一部分。"B. 受定义的概念和能定义的概念,其实是一个概念。这种错误叫作

"同语反复",如"修正主义是具有修正主义思想的人"、"可笑的事就是令人发笑的事"。[34][35]

3. 定义应当尽可能不是否定的。定义如果是否定的就不能达到揭示概念内涵的目的。如"人民不是敌人"、"经济基础不是上层建筑"。这里"人民"、"经济基础"究竟是什么并没有揭示出来。不过在个别场合,如在教学中,也可以允许定义为否定的。如"平行线是向两端无限延伸而不相交的一些平面上的直线"。此外,给否定对象具有某种属性的概念下定义,通常又都是采用否定形式的定义的。如"无机物是不含碳素化合物"。

至于表达定义的语言必须明白确切(对于揭示概念内涵说)。虽非规则,却也是应当十分留意的。

定义是有局限的,上面已经提到,但那还不是主要之处,主要之处在于对象的属性万分丰富,而定义只能揭示其基本的部分而已。比如我们开始也给"形式逻辑"下了定义,但那定义完全不能说尽形式逻辑这个客观对象的全部丰富的属性,它只不过告诉我们形式逻辑的研究对象是什么而已,而要真正了解形式逻

[34] 加法是求几个数的"和"的方法,而所谓"和"就是施行加法取得的结果。所谓直角即含有90度的角,而1度的角就是一直角的1/90。
[35] 划分和定义都是包含着对概念间关系的说明和对概念的推演的逻辑活动。

划分中从母项得出子项,便得到了与子项相应的新概念(从种得属)。如果划分符合相称性规则,则母项与各子项相应的概念总和之间存在着同一关系(二分法中用此)。

定义中,确定属于某个"种"并进一步找出属差,即将多个定义概念从种概念中的其他属概念中区别出来,这时就进行了概念限制的推演(从种到属)。而两个概念外延是否相等,也即它们间是否存在同一关系。

辑,就还必须切切实实地从头学到尾才行。毛主席告诫我们要从实际出发,而不是从定义出发,这是完全正确的。

定义有其相对性,事物在发展,人的认识在发展,因之不能不否定旧的定义,提出新的定义。这个,形式逻辑并不去研究它,形式逻辑只研究定义的方法及规则,如上所说,而目的则是为了我们准确掌握、运用概念。[36][37][38]

[36]同一律:运用于判断时可以这样来下定义,即每一个判断本身是同一的。
矛盾律:判断不可与某种否定该判断的东西相等同。
排中律:一个判断或者等同于另一判断,或者不同于另一个判断。
充足理由律:只要引证了充足的理由,判断就可以被认为是真实的或正面指的。
[37]古判断多不用"是"。"廉颇者,赵之良将也。""子曰:'由,诲女知之乎!知之为知之,不知为不知,是知也。'"此"是"字非系词,"是"作"此"(指代)解。
"彼来者为谁?"《史记·范雎蔡泽列传》。然上引第一句不得加"为"字。
[38]叙述概念内涵、外延的为此关系律并指出它的适用范围。

第三章 判　断

第一节　判断是什么？　判断的特征

概念是思维赖以进行的基本形式。一个个孤立的概念自身,不能给我们什么知识,如果把它和其他的概念合乎规律地联系起来,组成一种新的思维形式,我们就能得到一些新的知识了。如在定义中,被下定义的内涵由能下定义的概念揭示出来,也即是说,这两个概念合乎规律地联系起来,这时,我们才获得了一些关于被下定义的概念的知识,给了我们一些知识的"定义",实质上就是我们这里要说的"判断"。

判断有两个互相联系的特征。首先是它总有所肯定或有所否定,如"屈原是个人"和"《屈原》不是个人","《胡笳十八拍》是蔡文姬作的"和"《胡笳十八拍》不是蔡文姬作的"。有所肯定或有所否定这是对对象下判断者的主意,这是主观的。其次,判断也因此有符合于客观实际和不符合于客观实际,即真假之别。如上举的例子(后一组的真假还待文学界研究)。

所以,判断是对对象有所肯定或否定,从而在客观上或真或假的一种思维形式。

判断和概念的区别在于:

1. 在判断中总是揭示出和明白地确定出具有某种性质的思想对象[1],在概念中则并未明白地确定出具有概念所反映的性质的思想对象。例如"欧洲国家"这个概念,并未明确指出具有该概念内涵的国家是哪些。[2]

2. 判断、概念都有真假,但概念的真假并不是以对某物肯定〖是、有〗或否定〖不是、没有〗某种属性的形式表现出来的(因为没有用明显的形式表现出概念的内涵所属的对象,而如果表现出那个对象,则必须只能是判断了)。概念的真假一定要靠判断来揭露。

3. 概念的内涵也必然只能借助于判断来揭示。

4. 与概念不同,在判断中,不仅能反映对象的一般的和本质的属性关系,而且还能反映对象的个别的、非本质的和偶然的属性关系,如"拿破

---

[1] 如:"石油是矿产",石油是完全确定的思想对象,对它肯定着"是矿产"这一性质。

[2] 因而某人把这个概念只归之于位于欧洲的国家,则表示它"是一个真的欧洲国家"的概念。

仑是矮子","矮子"就不是拿破仑特有的。

5. 判断是直接构成推理的组成因素,概念则是作为判断的组成因素参与推理的,在思维过程中的作用不同。

判断既有真假,而判断又是推理的组成因素,所以判断之真假,形式逻辑是加以考虑的,虽然它不能直接去研究其他科学研究的具体判断的内容真假问题。这就是说,形式逻辑只从判断作为推理的直接组成因素这个方面来研究判断;形式逻辑研究判断的特性、结构、种类等问题。判断的真假,在形式逻辑中只作为正确推理的必要条件来考虑。

第二节 判断的种类和各种类的结构及其他[3]

按照不同的根据,可以对判断作种种不同的划分。以下我们作几种主要的划分。

根据判断的结构的繁简,判断分为〖甲〗简单判断和〖乙〗复杂判断(注:亦称"复合判断")。

〖甲〗简单判断

一、根据反映的对象之不同方面,分为属性判断和关系判断。

[3] 负判断:一判断前加"并非",即判断的否定,属复杂判断,如:"并非所有金属都比水重。"公式:
"并非P"(设P为一判断)。

1. 属性判断。它是反映对象有无某种属性的判断。如"我们的祖国是伟大而美丽的"、"马克思列宁主义的学说是万能的"、"《欧根·奥涅金》的作者是俄罗斯的伟大诗人"、"中国共产党是中国人民意志的表达者"、"美国不是民主国家"等等。

2. 关系判断。它是反映对象间有无某种关系的判断。如"我和你是师生"、"昆山在上海和苏州之间"、"语言的语法结构的变化慢于它的基本词汇的变化"、"我的成绩暂时还没有超过他的成绩"等等。[4]

在每一个属性判断中都反映了思想的对象,也就是说反映了所谈的东西。此外,在判断中还对这个思想对象有所论断。在判断中,揭示思想对象的那一部分叫作"判断的主词";它用拉丁字母"S"来表示。对于思想对象有所断定的那一部分,叫作"判断的宾词";它用"P"来表示。"S"和"P"都是概念。"S"和"P"合称为"判断的名词"。除了主、宾词外,任何属性判断还有联系词,它反映着判断中我们的思想对象同一定的属性之间的联系;思想对象具有或不具有某一属性,联系词通常有"是"和"不是"两个(用"有"、"没有"等等也可以)。

[4]"所谓关系即对象与对象间,对象与属性间,属性与属性间的一种联系的表现","对象和属性是关系的承担者"。关系是多种多样的,如:空间关系、时间关系、数量关系、亲属关系、包含关系……不过就关系的性质来说,大致可分为两类,第一表示对象之间同一性的等于关系($A = B, A$ 是 B),第二表示对象之间差异性的等差关系。如:($A > B$)、($A < B$)。因此构成等于推理和等差推理两型。

属性判断的结构公式为：

"S 是 P"、"S 不是 P"。

关系判断的结构公式是：

"aRb"，或者写作"(a·b)R"，其中 a 和 b 表示对象，而 R 表示这些对象间的关系。这个公式读作"对象 a 和 b 之间有关系 R"，如果不是在两个对象间，而是在三个[5]对象 a、b 和 c 之间有某个关系，那么，结构公式可以写作"(a·b·c)R"。

关系判断中的"R"的具体形式，如"等于"、"大于"、"小于"、"不等于"、"在……之间"、"超过"、"胜于"等等。

关系判断也可以分析为具有主、宾词形式的判断。在(a·b)R 中，a 和 b 这两个对象就是判断的主词(S)，而联系它们的关系 R 就是宾词(P)。应该注意的是，主词是经过整理的两个对象，即由关系 R 联系的 a 和 b 的次序是整理过的，不能颠倒；如"3 大于 2"，3 在前，2 在后，不能颠倒。否则就由真判断变为假判断了。

因此，作为对象的属性和关系之反映的概念都可以分析为宾词，但特性为个别对象(或个别类)所具有，而关系则存在于两个、三个或

[5]"苏联愈弄得好〖A〗，它们〖B〗愈〖急于〗要进攻，因为它们愈要趋于灭亡〖另一因〗。"共进关系。

更多的对象(或更多的类)之间。[6]

> [6] 一位宾词,二位、三位……宾词。

判断,特别是属性判断,在文章和对话中,为了简明扼要,常是省略形式的。省略哪一部分,要看具体情况而定,应该随时留心分析。

二、根据判断组成部分联系的性质,判断可以划分为:

1. 直言判断。这类判断的主、宾词的联系不依赖任何条件就直接联系着。当我们无条件肯定或否定对象具有什么时,就采用这种判断,它是简单的属性关系判断从另一角度的划分,如"燃烧是一种化学过程"、"自然界不是静止的"等等。

直言判断按不同的根据又可以划分为许多类:

A. 按质划分为肯定判断和否定判断。

判断的质是判断的主、宾词间联系的最根本的性质。因为判断就是利用肯定和否定来反映对象的。判断的这种肯定和否定对象是什么的根本性质叫作"判断的质"(简称"质")。按判断的质划分,判断只能是上说的两种。肯定判断是以肯定形式反映对象的判断,它肯定对象具有某种属性;否定判断是以否定形式反映对象的判断,它否定对象具有某种属性。它们

的联系词分别是"是"、"不是",公式为:

"S是P"、"S不是P"。[7]

B. 按量划分为全称判断和特称判断。[8]

判断的量是指判断中涉及主词外延的全部,还是涉及主词外延的部分的情况。判断中涉及主词全部外延的判断叫作全称判断;判断中涉及主词部分外延的判断叫作特称判断。

全称判断的例子如"所有教师指定的作业都应及时做好","所有文艺作品都不是供人消遣的"。它的公式是:

所有S是P　所有〖任何〗S不是P

"所有"是全称判断的量的标志,这样的标志汉语中还有很多,也有许多全称判断,主词前面并不带有这等标志。[9]

全称判断的主词是普遍概念。

全称判断还有另一种,它的主词为单独概念。也即这种全称判断在形式逻辑中本作为独立的类来处理,叫作"单称判断",有自己一定的特性,有自己的公式(这个S是P,这个S不是P),我们因为单独概念作主词的判断也是涉及了主词的全部外延的,所以在整个讲义中就把它作为全称判断来看、来处理。单独概念为主词的全称判断的例子如"这张讲桌不是黑

[7]"准";"一定";"管保(准保)";包管。

"所有"最初的意思只是"有",后来"所有"本身就表示"一切"之意。

"任何"是无论什么的意思。"任何人"等于说"无论谁","任何"有时等于"一切",但若在否定语的后面,咱们只说"任何",不说"一切"。如"人们一直以为北极上不会有任何生命存在"。

[8]是任何一个判断在量这一方面的属性和标志,是客观事物的数量方面在思维中的反映。

[9]一切、全部、凡(凡是)、每一个、任何、任何一个、没有一个……不是、没有一个……是。

的"、"《长恨歌》是白居易的力作"等等。[10]

特称判断的例子如"有些文学作品是具有高度思想性的"、"有些我班同学不是足球爱好者"。它的公式是:

有些 S 是 P　　有些 S 不是 P

"有些"是特称判断的量的标志。这样的标志在汉语中也很多。[11]

对"有些"这个标志,可以有不同的理解。在形式逻辑中,主要是作为"至少有些"[12]来理解的,这就是说,在判断中只说到了主词所指的那类对象的一部分,即我们仅仅知道的那一部分,至于其他部分我们就什么也没有说[13]。如"我班有些同学喜欢下棋",那是说我班至少有些同学喜欢下棋。这些同学喜欢下棋是确知的,至于还有其他的同学是否喜欢下棋,则这里根本没有说到。还有另一种理解,是日常生活中常见的,即把"有些"理解为"只是有些"[14]。作这样的理解,则对其他部分也表明了确定的看法。如上举的例子中"有些"作"只是有些"理解,则其他部分的同学便是不喜欢下棋的了。[15]对"有些"的后一种理解,不是形式中对"有些"的主要理解,虽然也包含着这种理解。

[10]（不是"个体判断"只有 P 属性为 S 所特有的,才称为个体判断。如"白居易是《长恨歌》的作者"、"火星是一个发红光的行星"。单独判断中 P 却不一定为 S 所特有。）

[11] 某些、一些、不少、几乎所有、至少有一个、至少有些、一般、仅仅有些、绝大多数……

[12]"至少有些（但可能是全部）"——不确定的特称判断（或称简单的特称判断）;"只是有些"——确定的特称判断。[ⓈⓅ] 它综合着两个不确定的特称判断的知识,即"有些 S 是 P"和"有些 S 不是 P"。最低限度有些。

[13] 不确定的特称判断。

[14]"只是有些金属重于水"。确定的特称判断。

[15] 实际是综合了两个特称判断的知识,即"有些 S 是 P"和"有些 S 不是 P",而其中一个则是暗含着的。

特称判断的主词也是普遍概念,但不同于全称判断中宾词所指的是主词的全部外延,特称判断中宾词所指的只是主词的部分外延。

C. 把质、量结合起来作为根据,直言判断又可以划分为全称肯定判断和全称否定判断、特称肯定判断和特称否定判断。

全称肯定判断是既全称又肯定的判断,通常用拉丁字母"A"表示。

全称否定判断是既全称又否定的判断,通常用"E"表示。

特称肯定判断是既特称又肯定的判断,通常用"I"表示。

特称否定判断是既特称又否定的判断,通常用"O"表示。

(这四种判断的例子、公式可看前面缩写为 SAP、SEP、SIP、SOP)。

D. 根据我们认为所表达的判断是真的(假的)或只是或然的,[16]判断可分为或然判断和确然判断。

a. 或然判断。 它是表示我们认为对象可能具有或不具有什么属性、关系的判断[17]。如"这篇文章可能是很好的"、"他大概不是个喜欢运动的人"、"张某和李某之间可能有师生

[16] 不同的模态是反映客观世界的必然性和可能性的。

[17] 不可能性判断、可能性判断。

关系"、"他的成绩或许没有超过你的成绩"。公式是:

"S可能是P"、"S可能不是P"、"R可能(a·b)"、"R可能没有(a·b)"(读作a和b可能由关系R联系着,a和b可能不是由关系R联系着)。[18]

b. 确然判断。 它又可以分为实然判断和必然判断。

① 实然判断。 它是表示我们认为对象实际具有或不具有什么属性、关系的判断,公式是:

"S是P"、"S不是P"、"(a·b)R"、"(a·b)没有R"(读作ab间没有关系R)。

② 必然判断。 它是表示我们认为对象必然具有或不具有什么的判断,如"资本主义社会必然要为社会主义社会所代替"、"学习松懈必然没有好成绩"、"电路中的电流与电压成正比,而与电阻成反比"等等。公式是:

"S必然是P"、"S必然不是P"、"(a·b)必然R"、"(a·b)必然没有R"。

【乙】复杂判断(由两个以上的判断组成的判断叫复杂判断)。[19]

1. 联言判断。这种判断是由几个判断构

[18]"可能"是说基本有实现的可能,是说那事或者(也许)会实现。但最近也有种新用法,即不代"或者"意,如说"社会主义社会或为可能"就等于说"社会主义社会能够实现"了。

[19]联断判断(复合宾词判断)据此可认识同一对象

成的。这若干判断之间有着联合的关系（又称为"联合判断"、"合取判断"）。如"6可用2除尽，并且〖"∧"，称为"合取"〗6可用3除尽"、"《西厢记》是写得好的，并且《董西厢》也是写得好的"。它的公式是"A并且B"〖A、B代判断〗。"并且"是联言判断的联系词，"并且"所联结的不仅可以是两个判断，并且可以是更多的判断，公式可以写成：

"A并且〖∧〗B，并且〖∧〗C，并且〖∧〗D……"〖读作判断A并且B。〗

联言判断的联系词，在汉语中还有许多，如"和""与"、"同"、"也"、"而"、"而且"、"但"等等。

联言判断在日常语言中

（1）A、B判断非简略形式常用来表达具有不同的主词和宾词。如"太阳落山了，而我们就动身回来了"。但

（2）多半采取省略的形式。如果判断A和判断B具有相同的主词，那么在后一个判断中主词就常常省掉[20]；如果它们有共同的宾词[21]，那么，在前一个判断中就省掉宾词。如"他醒来，（并且）很快地穿上衣服"（后一个判断中省掉了主词"他"）、"抽烟和喝酒对健康有

（单、特、全）的许多不同属性的相容性与共存性。"S是（不是）P1、P2、P3……"

复言判断（复合主词判断）其宾词可以是简单的，也可是复合的。这反映出不同对象或几类对象属性的共性。"S1、S2、S3……是（不是）P。"简略式。

复合主宾（连主合宾）判断："S1、S2、S3……是（不是）P1、P2、P3。"

[20]成为联断，（复合宾词判断），公式——
[21]成为复言（复合主词判断），公式——

害"(前一个判断中,省掉了宾词"对健康有害")。

(3) 联系词也常省掉,如"我国是历史悠久、幅员广阔、人口众多的"。

像这个例子:"他是聪明、谦逊和有同情心的"(复宾),只有当它被看作"他是聪明的,他是谦逊的,并且他是有同情心的"这个判断的简略形式时,才能认为是联言判断。而如果把"聪明的、谦逊的和有同情心的"当作一个概念——统一的宾词的表达,那么这个判断就可以作为直言判断〖简单属性〗来看。

同样道理,"《呐喊》、《彷徨》和《故事新编》(复主)是鲁迅先生的小说集"可以看作联言判断,也可以看作直言简单属性判断。"形式逻辑和语法知识不仅为社会科学家需要,并且为自然科学家需要"可以看作联言判断,也可以看作直言判断。[22]

联言判断中有一种称为"双质判断"的判断[23],如"我们要斗争到底,决不半途而废"、"美国是弱小国家的敌人,不是弱小国家的朋友",它们各是由一个肯定判断和一个否定判断联合成的。

联言判断是由几个部分组成的,构成联言

[22] 连主合宾,公式——

[23] 其他复杂化判断也有之。

判断的各个组成部分叫作"联言肢"，这在联言判断的完整形式中显而易见；开始举的两个例子都只是两个联言肢。联言肢可以有许多，这也已说过。了解了什么是"联言肢"，我们再来看联言判断的真假问题。

当联言判断的每个联言肢都是真的时，这个联言判断就是真的；当这些联言肢中只要有一个是假的时，这个联言判断就是假的。为了简便省时，我们把由两个联言肢组成的联言判断的真假用表表示如下：

A	B	A 并且〔∧〕B
真	真	真
真	假	假
假	真	假
假	假	假

表中一、二栏列出了判断 A 和 B 真假的一切可能组合。A 真 B 也（可）真（第一行）；A 真 B（也）可假（第二行）；A 假 B 可真（第三行）；A 假 B 也可假（第四行）。第三栏中指明复杂判断"A∧B"的值如何。我们看到 A∧B 只在第一个场合（第三栏第一行）即 A、B 都真的场合才是真的。在所有其他场合 A∧B 都是假的。

联言判断的真假无关乎联言肢的次序,如果"A并且B"真,则"B并且A"也必真。前者假,后者也必假。

2. 选言判断。它也是一种复杂判断。其中各判断间的联系依赖着选择关系(也叫作"析取判断"),如"三角形或者〖"∨",称为"析取"〗是直角三角形,或者是钝角三角形,或者是锐角三角形"、"他或者别的人将取得这个最高荣誉"等等。它的公式是"A或者〖∨〗是B,或者〖∨〗是C〖读作"判断A或者B"。符号不讲〗(或者是D,或者是E……)"和"A或者〖∨〗B(或者C,或者D……)是E"("S或者是P1,或者是P2,或者是P3……"、"S1或者S2或者S3……是P")。

选言判断总是由两个以上部分构成,构成选言判断的各个部分叫作"选言肢"。[24]各个选言肢由选言判断的联系词"或者……或者……"联系起来。

选言判断按其选言肢都是真的,还是只有一个是真的而分为两类:"不相容的选言判断"("严格选言判断"〖"∨̣"〗)和"相容的选言判断"("联合选言判断"〖"∨"〗)。

不相容的选言判断是几个选言肢中只能有一个是真的。如上举的例子,三角形既是直

[24] 实即简单判断。为P,为S,则是它(简单判断)在省略式中的表现。

角三角形,就不能同时又是钝角三角形、锐角三角形,其他的情况也如此。[25]

相容的选言判断是几个选言肢,其中各个都可以是真的。如"这个考第一的学生或者很聪明或者很用功"、"地主剥削的方式主要是收取地租,此外或兼放债,或兼雇工,或兼营工商业"。第一个例子中"很聪明"、"很用功"可以相容,即可能这个考第一的学生既很聪明又很用功,两者都是真的。

这两种选言判断的真假如下(我们以两个选言肢的为例)。不相容的选言判断中,有一个选言肢是真的,而另一个是假的,它才是真的;两个选言肢都是真的或者都是假的,它就都是假的。作表表示如下[26]:

A	B	A 或者〖"∨"〗B
真	真	假
真	假	真
假	真	真
假	假	假

相容的选言判断中,有一个选言肢是真的,它就是真的;两个选言肢都是假的,它就是假的,作表表示如下:

[25] 简称选言判断,它是最重要的一种选言判断。确定范围、认识、推理方面。

[26] 排他的二元选言判断,尖锐地提出问题无法避开(从逻辑方面看有一种逻辑力量)。
"关于世界大战问题,无非是两种可能:一种是战争引起革命,一种是革命制止战争。"

A	B	A 或者〖"∨"〗B
真	真	真
真	假	真
假	真	真
假	假	假

选言判断的真假不依赖选言肢的次序。

显然选言判断的联系词"或者"有两种意思，一是相容〖∨〗的，一是不相容〖∨〗的。[27] 日常语言中，为了加以区别，为了强调"或者"的不相容的性质，就常用"要么是"来代替它。[28] 此外，日常语言中往往不是用它的完整形式，而是用它的简略形式：（1）由"或者"联结的各个判断具有相同的主词时，主词往往就表达在前一个判断里。"这个三角形要么是等边的，要么是不等边的。"第二个判断中省去了主词。这种形式的判断，只有当它是"这个三角形要么是等边的，这个三角形要么是不等边的"的省略时，才可以被看作是选言判断。（2）由"或者"联结的各个判断具有同一的宾词时，共同的宾词通常只表达在后一个判断里，如开头举的第二个例子。这个判断只有当它是"要么是他将取得这个最高的荣誉，要么是别人将取得这个最高的荣誉"的省略时，才

[27] 否定选言，并非 A 或 B

[28] "既是……又是……"（相容）=或是 A，或是 B；或是 A，又是 B。"或是……或是……""不是……就是……""要么……要么……"和只用"还是"的。

可以被看作是选言判断。

选言判断可以是单称的,也可以是全称的。

3. 假言判断。它是一种复杂判断,组成它的两个判断间的联系,依赖于一定条件(所以又称为"条件判断"),如"如果学生用功,则他的功课就会好"、"如果阳光通过三棱镜,则幕布上有光谱出现"。它的公式是:[29]

如果 A 是 B,则 C 是 D。

其他可能的形式约为:

如果 A 不是 B,则 C 不是 D。

例子:"如果学生不用功,则他的功课不会好。"[30]

如果 A 是 B,则 C 不是 D。

例子:"如果(天)下雨,则我们就不去了。"

如果 A 不是 B,则 C 是 D。

例子:"如果没有天灾,则今年的收成还要更好。"[31]

假言判断自然可以看作是两个判断构成的。前一个判断是后一个判断的主词和宾词联系起来的条件:"C 是 D"依赖于"A 是 B"这一条件,这是用我们已有的知识来分析其组成的。但更为重要的是把假言判断按其本身的

[29] 反映客观事物之间的条件制约关系。

[30] "……的话"放在句尾,表示假言。"不的话"在某种情况下等于说"如果不如此的话"。

[31] 此四式为非区别假言判断之所有者。

特点来分析。这时,任何假言判断都可以分解为三个部分:前件、后件、联系词。前件即理由("A 是 B");后件即推断("C 是 D");联系词即联系前件和后件的"如果……则……"

"如果……则……"是假言判断的联系词,这样的联系词在汉语中还有很多。[32]

假言判断的联系词在日常生活中常常被省略,如"水涨船高"、"人不犯我,我不犯人"、"不学就不懂"等等。

假言判断所表达的(前后件之依赖关系)关系不一定是对象间的因果关系,它可以有如下三种情形。

(1)前件是后件的原因,即因果关系。如"如果气温升高,则寒暑表水银柱就会上升",气温升高与寒暑表水银柱升高之间有客观的因果关系;气温升高比之水银柱升高要先存在。这时,前件为后件的原因,后件为前件的结果。

(2)前件是后件的理由,即理由和推断的关系。如"如果寒暑表水银柱上升,则室内气温一定升高"。知道水银柱上升是断定室内气温升高的理由。室内气温升高的原因却不是水银柱上升(水银柱的升高只是气温升高的标

[32]还有联系词为"除非……不……"的一种,形式是"除非 A 是 B,C 不是 D"。这种形式中,前后件关系与上说的相反,即前件为后件的必要条件,而非充分条件,后件是前件的充分条件而非必要条件。其详可略,"当……时"、"假如……就……"、"倘若……就……"、"只要……就……"、"只要……总……"、"当……就……"、"没有……就……"

志)。这时,前件为后件的理由,后件为前件的推断。

(3)前件是后件的条件,即条件与结果的关系。如"如果明天天气好,我们就去郊游"。这里,一个事实是另一个事实出现的条件,而非因果关系。因为我们郊游并不是天气好的结果,不过依赖那个条件而已。这时前件为后件的条件,后件为前件的结果(不是因果之果)。[33]

因此,假言判断的真假,不能根据构成它的前件和后件本身的真假来断定,而决定假言判断前件和后件的依赖关系是否(为必然的是否)真实。

假言判断按其前件和后件依赖关系的性质的不同,可以分为:非区别的假言判断和区别的假言判断。

为了说明假言判断的前件和后件关系的性质,首先要说明两个概念,即"必要条件"和"充分条件"。关于必要条件我们在《绪言》中

[33]前后件这种关系是客观赋予的——备忘。为充分条件与否,有时是某一条件(标准)所赋予的。如二难推理中所举普洛太哥拉斯师生打官司时所说即是:"法律"使前件为后件之充分条件,"合同"使前件为后件之充分条件。这虽可说是主观的,但说到底也是为客观(社会生活的秩序)所决定的。是否充分条件,是客观决定的;但有时不推到最后则也可是主观的,记于此备忘。
构成假言判断的前后件可以都是假的,但假言判断本身不一定就是假的。例如:"如果能找到长生不老的药,那么太阳就会从西边出来。"此中前后件都是假的判断,但整个假言判断却是真的。因为前后件间的依赖关系是真的,是与客观相符合的,所以说假言判断的真实性不决定于后件是否真实,正因此,有时前后件都是真的,却假言判断本身是假的。如:"喜鹊叫,客人到""雪是白的则水银就有弹性"。因为,现实中并不存在这种依赖关系。(人大说)

已经说到,不赘。[34]

充分条件就是这样一种条件:有了它一定有某个结果,没有它不一定没有这个结果——即"有之则必然,无之则未必不然"的那种条件。[35]

除了在《绪言》中看到的例子,我们再举一个必要而不充分的条件的例子。在一个国家里没有工人阶级,就不能在这个国家里胜利地实现社会主义革命,这是必要条件,但不是充分条件[36]。因为,在一个国家里胜利地实现社会主义革命还需要具备许多条件,例如:要有共产党、要有革命的形势等等。

现在我们来看是充分的[37]但不是必要的条件的例子。数 n 能为 6 除尽是承认这个数为偶数的充分条件(任何能为 6 除尽的数都是偶数),但是不是这一条件(数 n 能为 6 除尽)是使数 n 成为偶数的必要条件呢?显然不是,因为有许多数它们虽不能为 6 除尽却都是偶数(如 2、4、8、10、14 等等)。[38][39]

---

[34] 必要条件,有之未必然,无之必不然。

[35] 四边形的一组对边平行是该四边形为平行四边形的必要条件(非充分),有时具备这一条件,四边形也可能不是平行四边形(梯形)。必要条件常常叙述为否定理或逆定理,如:"如果一个数各位数字之和不能被 3 除尽,则该数也不能被 3 除尽。""一个数能为 3 除尽,则它的各位数字的和也能被 3 除尽。"

[36] 不是只要有了工人阶级就能在这个国家胜利地实现社会主义革命。

[37] ("仅仅是充分的")。

[38] 若二数均能被 5 除尽,则其和也能被 5 除尽(每一个数的可除性对于和的可除性是充分的)。(在此能为 2 除尽,则是既充分又必要的条件)(非必要的,仅是 7 + 8 = 15。)

现在我们再看一个既充分又必要的条件的例子。数 n 能为 2 和 3 除尽,是它能为 6 除尽的必要而且充分的条件。事实上,如果数 n 不能为 2 和 3 中的任一个(只要一个就够了)所除尽,那么它就不能为 6 除尽(能为 2 和 3 除尽,是能为 6 除尽的必要条件);另一方面,如果一个数能为 2 和 3 除尽,那么它一定能为 6 除尽(能为 2 和 3 除尽,是数 n 能为 6 除尽的充分条件)。

非区别的假言判断是这样一种假言判断,其中前件是后件的充分条件,但不是必要条件;而后件是前件的必要条件,但不是充分条件。如"如果物体受到摩擦,那么它就会发热"。这个判断中,有前件就一定有后件;没有前件不一定就没有后件(因为电流通过、日光照射等也可以引起物体发热)。反过来,没有后件一定没有前件,有后件不一定就有前件(原因同上说)。又如"若二角是对顶角,则此二角相等"、"如果天下雨,则街上潮湿"等等。公式是:

如果 A 是 B,则 C 是 D。[40]

"若二角是对顶角,则它们相等。"另一种说法:"为了使二角相等,充分的条件是该二角为对顶角。"前一正定理可看作为充分的特征;当(非对顶角便可能为相等的)定理或逆定理不成立时,特征只是充分的。

[39] 充足理由非即充分条件;必要条件也可作为充足理由论证什么。

[40] 当同志间没有协调时,他们的事情就不会成功。

[41]非区别的假言判断又径称为假言判断(蕴含判断)。
[42]数学里的命题都是有条件的,数学命题有四种形式。1. 若甲则乙,2. 若乙则甲(1的逆命题),3. 若不甲则不乙(1的否命题)(不甲即甲的否定,即"甲不成立"),4. 若不乙则不甲(1的逆否命题)。

某一命题成立时它的逆命题或否命题不一定成立,但它的逆否命题必成立,反之亦然。事实上 1 成立,4 也必成立,因为 4 的前项(提)"不乙"能得到"不甲",若不然,当甲成立时,由 1 就有 2 成立,这事与前项(提)不合。反之 4 成立时,1 就成立。1、2 非区别。

(必要而且充分的特征是两个定理的总和:正定理和否定理,或正定理和逆定理。)

非区别的假言判断的真假情况如下表[41][42]:

"→"

A	B	如果 A 则 B
真	真	真
真	假	假
假	真	真
假	假	真

第三章 判 断

A、B 的次序不能调换,否则要影响整个假言判断的真假。

区别假言判断是这样一种假言判断,其中前件是后件的既充分又必要的条件;后件也是前件既充分又必要的条件。[44] 如"如果 n 是偶数,并且只是在这时,那么它就能为 2 除尽",

[43] 表中注：
· 如电流通过导体,则导体的长度就会增加。表中第 1 行真真真。
· 如电流通过导体,则导体的长度不增加。"→"不允许有此情况。表中第 2 行真假假。
· 如果能找到长生不老的药,则太阳就从东边出来。表中第 3 行假真真。
· 如果能找到长生不老的药,则太阳会从西边出来。表中第 4 行假假真。
· 人为地破坏了充分条件。
· 事实上没有关系推断的事实是不依赖理由的事实。

[44] 它在数学中被广泛应用着(因之区别的假言推理也广泛应用于数学中)。"三角形的内角在其对边相等时,而且仅在这时相等。""苏联是无产阶级专政的,知识阶级就要饿死。"鲁迅先生是把它作为区别(假言)判断来驳的(即说者以为是)(来说的)。是否当作假言判断?

在这个判断[45]中,有前件就一定有后件,没有后件就一定没有前件(这是充分条件,必要条件的主要说明)。又如"如果某数每个数位上的数之和能为3整除,并且只是在这时,这个数能被3整除"[46](具体的数如108,这一数各数位上的数之和为9,能被3整除,所以108能被3整除。2021这一数各数位上的数之和为5,不能为3整除,所以这个数不能被3整除)。

其公式是:"当,并且仅当A是B时,C才是D。"[47]

区别的假言判断的真假情况如下表:

"~"

A	B	如果A则B
真	真	真
真	假	假
假	真	假
假	假	真

A、B的次序可以调换,而并不影响整个假言判断的真假。

辨别是充分条件,还是充分又必要的条件,必须懂得判断所涉及的其他有关的具体知

[45] 练习一例:用三种方法,即利用术语①"必要而且充分的",②"在……时,而且仅在……时",③"那些……而且仅仅那些……"以充分而且必要的特征的形式把下列两个定理叙述为一个定理:ⓐ平行四边形的对角线互相平分;ⓑ如果一个四边形的对角线互相平分,则该四边形是一平行四边形。
又一例:如前把两个定理叙述成一个定理:ⓐ如果一个数的个位数字是偶数非零,则它能被2除尽;ⓑ如果一个数的个位数字不是偶数,又不是零,则它不能被2除尽。
[46] "~"等值性判断的结构符号。
[47] 表中注:"当(在)……时,而且仅当(在)……时",("必要的"相当"仅在……时"或"仅仅那些")意思是"那些……而且仅仅那些"。(当判断A中所确定的事实存在时,判断B中的事实才会发生;当判断B中所确

识,没有这种具体知识,是无法确定的。[48]

上面是对判断的主要划分。这种种划分是依据不同的根据来做的,所以它们并不互相排斥。事实上,每一个判断都可以同时包括在许多种类中,如"文艺是阶级斗争的武器",它是简单的、属性的、直言的、实然的、肯定的、全称的判断。

同时,在复杂判断中,可以同时包含联言判断、选言判断、假言判断。如"如果推理的前提是真实的,并且把逻辑规则正确地运用于这些前提,那么结论必然是真的"。这个判断就是假言判断;但这个判断的理由又是复杂的联言判断。"如果一个三角形是钝角三角形,则其中对大角的是大边;而如果它不是钝角三角形,则其中对大角的也是大边。"这个联言判断,每个联言肢都是假言判断。"如果任何一个自然的整数或者能为2除尽,或者不能为2除尽,那么任何一个自然数可以确定为偶数或确定为奇数。"这个假言判断的前件和后件又都是选言判断。

在形式逻辑中,着重研究的是直言判断(简单的属性判断),而其中A、E、I、O四种类型的判断尤为着重,它们是形式逻辑中判断的

定的事实存在时,判断A中所确定的事实才能发生。如果A则B,并且如果B,则A)实为这两个假言之结合。
· 如三角形是等边的,并且只在此时,三角形也是等角的。
· 当你找到了长生不老药,并且只在此时,你就能长生不老。

[48]"只有抗战到底,才能团结到底,也只有团结到底,才能抗战到底。"这区别的假言判断才能把当时"抗战"和"团结"之间既是互为充分条件又是互为必要条件的关系如实而恰当地表现出来——其间的辩证关系。

基本形式。以下我们就对这四个基本判断进行一些研究。

第三节 直言判断（简单属性判断）中名词的周延性

在直言判断中,有的概念涉及它的全部外延,有的则只涉及部分外延。关于判断中概念外延的知识,也即是关于判断中名词的周延性的知识。

判断中的名词(即概念),如果涉及它的全部外延,这个名词就是周延的;如果只涉及它的部分外延,这个名词就是不周延的。

怎样知道名词是周延或是不周延的,这主要从对判断中主、宾词外延的关系来确定。如果判断中某一名词的外延完全包括在另一名词的外延中,或者完全被排斥在另一名词的外延外,那么这一名词就是周延的。如果判断中某一名词的外延仅仅是部分地包含于另一名词的外延中,或者部分地被排斥在另一名词的外延外,那么,这一名词就是不周延的。

从上一节的讲解中,已经知道 A、E、I、O 四个判断的基本类型中,涉及主词(S)的外延的情况是：A、E 的 S 是周延的，I、O 的 S 是不周延的。这里剩下的问题是再了解一下 A、E、I、O 四种判断中，P 的外延的情况，也即 P 是否周延的情况。

现在分别来看：

先看 A——"所有 S 是 P"。S 是周延的；S 与 P 是相容的，S 包含在 P 中。这里"S 和 P"的关系有两个可能的具体情况，即

（1）S 是 P 的一部分，S、P 间有从属关系。用图表示为：

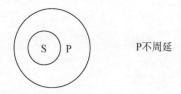

（2）S 和 P 完全重合，S、P 间有同一关系。如图：

第一种情况的判断的例子如"人是动物"。

第二种情况的判断的例子如"赵树理是《小二黑结婚》的作者"、"人是能制造工具的动物"。

其次看 E——"所有 S 不是 P"。S 是周延的，S、P 是不相容的，S 和 P 互相排斥。这里 S 和 P 之间只有这个情况，即两不相涉。表示如图：

P 也周延

例如："人不是植物"、"赵树理不是《王贵和李香香》的作者"。

再次看 I——"有些 S 是 P"。S 不周延，S、P 间是相容的，S、P 间有四种可能的具体情况。

（1）S 和 P 部分重合，两者间有交叉关系。如图：

P 也不周延

（2）S 包在 P 中，两者有从属关系。如图：

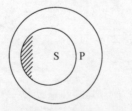P 也不周延
（S 只采取画斜线的一部分）

（3）S、P 完全重合，两者有同一关系。如图：

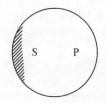
P也不周延
（S只采取画斜线的一部分）

（4）P包在S中，两者有从属关系。如图：

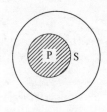
P周延

四种情况的例子如下：

（1）"有些教师是先进工作者。"

（2）"有些金属是元素。"

（3）"有些等边三角形是等角三角形。"

（4）"有些热爱和平的人是共产党员。"

最后看 O——"有些 S 不是 P"。S 不周延,有些 S 和 P 不相容,有些 S 和 P 互相排斥。这里有三种可能的具体情况。

（1）S 和 P 完全互相排斥。两者有不相容关系。如图：

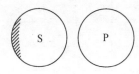
P周延
（S只采取画斜线的一部分）

(2) P 是 S 的一部分,两者有从属关系。如图:

P周延
(S只取画斜线的一部分)

(3) S、P 部分重合,两者有交叉关系。如图:

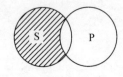

P周延
(S只取画斜线的一部分)

例子如下:

(1)"有些金属不是有机物。"

(2)"有些动物不是人。"

(3)"有些学生不是共青团员。"

上说四种判断宾词的周延性的情况中,A型判断里的第二种情况是其特殊情况。I型判断里的第四种情况,是其特殊情况。为了便于记忆,把上说的一般情况列表如下:

判断类型	主词	宾词
A	+	−〖干〗
E	+	+
I	−	−〖±〗
O	−	+

("+"代表周延;"−"代表不周延)

这一部分知识对于学习推理非常重要,因为推理的一些〖部分〗规则〖直接〗便是根据它规定出来的。[49]

[49]而基本上都是它决定的。

第四节 直言判断（简单属性判断）间的关系及其特定的对当关系

一、同素材 A、E、I、O 间的关系及其特定的对当关系

判断间的关系,是根据判断间的素材确定的。根据素材的同异,可以确定出判断间的各种不同的关系。所谓判断的素材,指的是判断的名词,即概念本身。它全不涉及判断的质量。如果两个(或更多)判断的名词相同(S 和 S 相同,P 和 P 相同)。它们就是同素材的判断;如果两个(或更多)判断的名词不同(S 和 S 不同,P 和 P 不同,S 同而 P 不同,P 同而 S 不同),它们就是不同素材的判断。

同素材的 A、E、I、O 四个基本类型的判断间的关系,通常用一个图形表示。这个图形叫作"逻辑方阵"(或"逻辑的〖正〗方形")。

从这个方阵中可以知道它们之间共有四种关系,即(1)大反对(或称上反对)关系,A与E之间是这种关系;(2)从属关系,A与I,E与O之间是这种关系;(3)矛盾关系,A与O,E与I之间是这种关系;(4)小反对(或称下反对)关系,I与O之间是这种关系。(对于有某种关系的判断的称谓。)[50][51]

所谓判断的对当关系,是判断间的一种特定关系,即真假关系。明白了这种关系,就能由一个判断的真假,推出相应相对的判断的真假来。在这里,即是譬如知道A真,便可以推出E、I、O三个判断的真假来;譬如知道E假,便可以推出A、I、O三个判断的真假来,等等。

下面我们且简要地(但并非严格的形式逻辑的)来说明A、E、I、O之间的这种对当关系。

(一) 大反对关系(A与E)

[50] 大反对判断、小反对判断、从属判断、矛盾判断。

[51] 同一素材的四种不同判断,正表示判断对于同一判断对象的四种不同反映(对于同一对象反映在判断中时,可以有全称和特称的量上的不同和肯定与否定的质上的差别)。四种不同的反映互相关联,其中总有某些是对的,某些是错的,它们不可能都对,也不可能都错。我们只要知道其中之一的对错,就可推知其他方面的对错。

例如:"所有中文科同学都(是)热爱中文专业(的)。"(A)[52]

"所有中文科同学都不(是)热爱中文专业(的)。"(E)[53]

如果 A 是真的则 E 一定是假的,如果 E 是真的则 A 一定是假的。[54]

但如果 A 假,却不能断定 E 的真假[55], E 可真可假。如果谈到的这类对象都不具有 A 中反映的属性[56],则 E 真。如果这类对象中有一部分[57]对象有 A 中反映的属性[58],则 E 假。

如果知道 E 假,也不能断定 A 的真假; A 也可真可假。如果谈到的这类对象都具有 E 中[59]反映的属性[60],则 A 真;如果这类对象中有一部分对象不具[61]有 E 中反映的属性[62],则 A 假。(这就要考核事实才能知道。)[63]

(二)从属关系(A 与 I, E 与 O)

例如:"一切液体有弹性。"(A)

"一些液体有弹性。"(I)[64]

[52] 一、P 应是非全 S 所有者。
[53] 据矛盾律,不可同真而可同假。
[54] 二、由正可以推误。
[55] 三、由误不能推正。
[56] 所有 S 不是 P。A 之假在质上即把 S 本无的 P 错误地肯定其有时。
[57] 有些 S 是 P。
[58] A 假在量上即把部分 S 有的 P 错误地肯定为全 S 所有时。
[59] 所有 S 是 P。
[60] E 假在质上即把 S 本有的 P 错误地否定其无时。
[61] 有些 S 不是 P。
[62] E 假在量,即把部分 S 所无的 P 错误地扩充为全 S 都无时。
[63] 四、如 A、E 为单称,此时关系即为矛盾关系。如"×××热爱专业"、"×××不热

爱专业"此正则彼误,此误则彼正;其间无第三种可能。(量上使然)不能同真,可以同假。

[64] I:有些是指"部分的"意思(义),并非指"只有一些"。一、可同真同假。

[65] 二、全称真,特称真。

[66] 三、特真不能推出全真,全可真可假。有些S是P′假,则所有S是P′也假;有些S不是P假,则所有S不是P也假。

[67] "一些金属是传热的"I真,"所有金属是传热的"A真(因传热为金属的本质属性)。但P是非本质的(如我举的例),则未必如此。如特对(真)在质上,则全真,如特真(对)在量上,则全假。

[68] 确乎"全体喜欢"则A真,除这一些外,再无喜欢的则A假。

[69] 确乎"全部不喜欢"则E真,并非全部不喜欢则E假。

如果A真,显然可见I也真("有些"是"至少有些"的意思),同样,"一切同学不是喜欢2分的"(E),"有些同学不是喜欢2分的"(O),如果E真,O也一定真。[65]

反过来,如果I或O假,那么A或E也一定是假的。[66] 特称假,全称假。另外,I或O真,都不能断定A或E的真假,A或E可真可假。如:"我班有些同学喜欢音乐"(I)真,我班全体同学是否也都喜欢音乐,则不能据此断定(要断定[67],又要考核事实才行[68])。O与E间同样的情况也是如此。我们不能仅仅知道"我班里有些同学不是喜欢跳高的"(O)真就断言"我班全体同学都不是喜欢跳高的"(E)也是真的。[69]

如果A或E假,我们也不能断定I或O的

真假。I 或 O 可真可假。[70]。如知道"我班全体同学是喜欢画画的"(A)假,仅仅据此,我们无法知道"我班有些同学是喜欢画画的"(I)之真假。也许我班有一些同学喜欢画画[71],也许竟一个也没有[72],这也要求断于事实才行。E与 O 间同样的情形[73],也是如此,不赘。

(三)矛盾关系(A 与 O,E 与 I)

例如:"本班所有同学都〖是〗做了逻辑习题的。"(A)[74]

"本班有些同学没有〖不是〗做了逻辑习题〖的〗。"(O)

显然这两个判断不能同时都真,如果 A 真则 O 假,如果 O 真则 A 假。也很显然,这两个判断也不能同时都假,如果 A 假则 O 真,如果 O 假则 A 真。[75]

E 与 I 之间这种情形也是如此,即 E 真 I 假,I 真 E 假,E 假 I 真,I 假 E 真。例如:

我班所有同学都不是喜欢画画的。(E 假)

我班有些同学是喜欢画画的。(I 真)

如全□在质上,特仍假;如假在量上,即将部分 S 有或无的 P 错误地推到全 S 去了,则特真。即 S 全无(或全有)的 P 的错误的肯定或否定了)

[70]五、全假不能推出特假(部分可真可假)。

[71]此时 I 真。

[72]此时 I 假。

[73]"我班全体同学都不喜欢画画"假;事实在有部分不喜欢时则(空)"我班有些同学不喜欢画画"真,事实上全体都喜欢时,则假。

[74]据排中律里第三可能,故一真一必假,一假一必真。

[75]任何事物不是没有原因的(E 真);一些事物是没有原因的(I 假)。不能同真,不能同假。
I 真,一些事物是有因的,E 假,所有事物不是有因的。

（四）小反对关系（I与O）

例如："有些中文科同学是热爱中文专业的。"（I）

"有些中文科同学不是热爱中文专业的。"（O）[76]

如果I假。I假的话，根据上说矛盾关系的一般法则，就可以断定E真[77]。E真再根据上说从属关系的一般法则，就可以断定O真[78]。因此，I假则O真。反之，如果O假，O假则A真[79]，A真则I真。因此，O假则I真。[80][81]

如果I真，按矛盾关系的一般法则，I真则E假；再按从属关系的一般法则，E假，O则可真可假。因此I真，O则可真可假〖如"一些三角形是直角三角形"（I）真，则"所有三角形都不是直角三角形"（E）假（矛盾）。但"一些三角形不是直角三角形"（O）真（从属）。"直角三角形"并非三角形的本质属性，它可为部分三角形所有，也可为部分三角形所无，所以此时（I）（O）都真。另一方面，如（I）肯定的，（O）否定的是本质属性，这就是说（I）（O）的真，在质不在量，量则相应的地方（O或I）仍是错的。如"一些金属是导电体"（I）真，"所有金属是导电体"（A）真；而"一些金属不是导电体"（O）

[76] 一、可同对，不可同错。指的同一部分S1。⑤。
[77] "所有中文科同学不是热爱中文专业的"E真。
[78] "有些中文科同学不是热爱中文专业的。"
[79] （矛盾）"所有中文科同学是热爱中文专业的"，A真。
[80] 二、由一假推出一必真。
[81] （从属）"有些中文科同学是热爱中文专业的"，I真。

却假(A、O矛盾),所以此时I真而O却假〛。反之,如果O真[82],也不能就此断定I的真假,I也是可真可假,道理同样。〖同理,如(O)否定的是本质上所没有的属性,O的真在属不在量,那么(I)也是错(假)的。如"一些物体不是绝对静止的"(O)真,"所有物体不是绝对静止的"(E)也真(从属),而"一些物体是绝对静止的"(I)却错(E、I矛盾),此时O真而I假。〗[83]

[82](矛盾)A假,(从属)I可真可假。

[83]二、不能由一真推另一假,可真可假。可以同真(可疑,应先说到"否定"为止),不能同假。

上说A、E、I、O间的特定的对当关系,可以用表总结,以助记忆。(表)

已知真＼推知	A	E	I	O	推知＼已知假
A	真	假	真	假	O
E	假	真	假	真	I
I	不定	假	真	不定	E
O	假	不定	不定	真	A

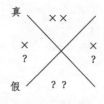

二、不同素材A、E、I、O间的关系及其特定的对当关系

不同素材的判断间的关系,首先应分为可比较的与不可比较的关系。不可比较的,形式逻辑并不研究,道理和不研究不可比较的概念一样。

可比较的判断间的关系,可以分为同一关

系、从属关系、矛盾关系、对立关系。以下我们简单地分别说一下。

（一）同一关系

有同一关系的两个（或者更多——我们在这一部分则都以两个为例来说明问题）判断，是它们有一个名词（S或P）相同，而另一个名词（P或S）是同一概念的判断；或者表达同一个思想内容的两个判断，称为"同一判断"。

前者如："我们热爱国旗"和"我们热爱五星红旗"；"人民中国是伟大的"和"我们的祖国是伟大的"。[84]

后者如："唯心论是非科学的世界观"和"唯心论不是科学的世界观"。又如："我班同学都是优等生"和"我班每个同学的总成绩都不低于优等生的标准"。

同一判断中，知道一个判断为真，则另一个也一定真；知道一个为假，则另一个也一定假。

（二）从属关系

有从属关系的两个（或更多）判断，是它们的S间有从属关系，而P为一个概念，或同一概念；或者S和P都分别为从属概念的判断，称为"从属判断"。

[84]关键是概念间的（从属、包含）等关系。

第一种情况的例子如："九年来我国各项建设事业都在突飞猛进"和"九年来我国教育事业在突飞猛进"；"中国人民热爱自己的国家"和"我热爱祖国"。

第二种情况的例子如："鲁迅是我国的伟大作家"和"鲁迅是我国的伟大的革命现实主义作家"；"《阿Q正传》的作者是我国的伟大作家"和"鲁迅是我国的伟大的革命现实主义作家"。

第三种情况的例子如："我国的各项建设事业都是我国人民所拥护的"和"我国的人民教育事业是我们所拥护的"。

从属判断中，知道前一个判断是真的，就可以推出后一个判断也一定真；知道前一个判断是假的，却不能推出后一个判断的真假——后一个判断可真可假。知道后一个判断是假的，就可以推出前一个判断也一定假；知道后一个判断是真的，却不能推出前一个判断的真假——前一个判断可真可假。

（三）矛盾关系

有矛盾关系的两个（只能是两个）判断，以两个矛盾概念分别作宾词组成的一对判断，而此时无第三种情况的判断，称为"矛盾判断"。[85]

[85]此时P为全S所有。
"这个国家是资本主义国家"和"这个国家不是资本主义国家"。

如"《胡笳十八拍》为蔡琰所作是真的"和"《胡笳十八拍》为蔡琰所作是假的","唯心论是非科学的世界观是真的"和"唯心论是科学的世界观是假的"。

此外,矛盾判断有另一种,它的形式较为特殊,即两个S为一个判断(或同一判断),而P分别为"真的"和"假的"。

又如:"这个国家是社会主义国家"和"这个国家是非社会主义国家","所有文章是好的"和"所有文章是不好的"[86],"所有教师是脑力劳动者"和"所有教师是体力劳动者"[87]。

矛盾判断在反映同一时间、同一关系下的同一对象时,一个真另一个必假,一个假另一个必真。

(四)对立关系

有对立关系的两个(或更多)判断是其中一个判断肯定S有P(P1),另一个不仅否定S有P(P1),而且还肯定了S有其他的和P(P1)对立的P(P2)的两个判断,称为"对立判断"。

如:"这个国家是社会主义国家"和"这个国家是帝国主义国家"[88]。

对立判断在反映同一时间[89]、同一关系下的同一对象时,必然至少有一个是假的,也可

[86] P̄P "所有的发明家都是青年"和"所有的发明家都是非青年"(S应是非全S所有的)。
[87] Q̄P̄
[88] 第三可能:"这个国家是和平中立国家。"
[89] "所有发明家都是青年"是非青年,因有第三种情况(有些发明家是青年)。"所有人是勇敢的"A、"所有人是怯懦的"A(P非全S所有)——第三可能:"有些人是勇敢的。"

能两个都是假的。因为有第三种、第四种……情况存在。如上例"这个国家"也许是和平中立的国家。

以上四种判断的具体形式,大多没有穷尽其可能,有待隅反。

(五)各种判断间的复杂的通变。(略)

第四章　思维和语言，概念、判断在汉语中的表现形式

第一节　思维和语言

在《绪言》章中，一开始就明确过思维是客观的概括的间接的反映。接着就谈到思维形式，说思维的实现一定要表现为思维形式。这地方还有另一方面我们就没有去说了。这另一方面即思维和语言的关系这一方面。

原来，除了实践作用于认识，人类在实践的亿万次重复中加深了对客观对象的理解而外，除了思维形式的存在而外，人类思维的实现又是不能脱离语言的。思维和语言有着不可分的联系，没有语言，思维便也不可能实现。语言也是思维得以实现的一种必不可少的形式。我们思维着的东西，不能不是用语言来标

志它的。斯大林说:"对于会讲话的人(聋哑人除外),与语言材料没有联系的赤裸裸的思想是不存在的。"(斯大林《马克思主义与语言学问题》——人民出版社1953年版45页)就是这个意思。

语言和思维之间的联系是如此之紧密,以至我们常常就把它们当作一个对象。其实它们是两种性质根本不同的对象,不应该把它们混为同一。

思维是被语言表现的,语言是表现思维的。被表现者和表现者之间有着明确的区别。语言是在劳动实践和社会交往中长期以来形成的一种物质符号体系,思维则是人类头脑这种高级的物质所产生的反映现实的精神属性。这两者显然不同。

在现象方面,两者之不同也十分明显,比如"人",是我们世界上各民族共有的概念,对这一个共同具有的概念,各种民族语言中,却是各有各的写法、读法的。

即使我们用的同一种语言——汉语,对同一个概念的语言表现形式也随不同的条件而有不同。[1]古说"目"今说"眼",古说"涕"今说"泪",古说"鸳"今说"青马",古说"驿(驿)"

[1]通通、统统、统通、统统是"全部"一意。

今说"红马"……同是古,不同的地区又有不同的说法,如:"虎,陈魏宋楚之间或谓之'李父';江淮南楚之间或谓之'李耳',或谓之'於䖘[wū tú]';自关东西或谓之'伯都'。"(《方言》卷八)。如:"母亲",现在我们对这样一个同一个对象、同一个概念,有的地区普遍都叫"妈妈",有的叫作"姆妈",有的叫作"妈",有的叫作"娘"……[2]

这都说明了思维与语言确是两个对象,虽然它们之间的关系如是之密切。

我们说思想的实现一定要表现为思维形式,又说一定要表现为语言形式。这两种形式之间也有一种关系存在,即有相当、对应的关系,概念这种思维形式总是同词或同与词相等的词组[短语、仂(lè)语]这些语言形式相当、对应。如:"词"、"词组"、"句子的基本成分",从语言方面看这是词或词组;从逻辑方面看则是概念。判断这种思维形式总是同句这种语言形式相当、对应,如:"语言是使思想物质化的工具","在语言学中有许多概念是反映关系的概念",从语法方面看是句,从逻辑方面看则是判断。[3]

推理、证明等思维形式是由判断组成的,

[2] 北方谓之"赶会"、"赶集",《说文》谓之"趁墟"。云南谓之"赶街子",四川谓之"赶场"。北方"味沫",江浙"冱吐",四川"口水"。北方"脸",江浙"面孔"。北方"刚",别处"刚刚"。如"仅",现代为"只",表示"少";古代相反,表示多,是"好远"意。如"浔阳仅四千,始行七十里。"(白居易《初出蓝田路作》)

[3] 所有的词是概念?(虚词、象声词);所有的句是判断?(叙述等)

推理形式是句的复杂组合。一番议论、一部论著,从语法上看是句子的复杂的组合体,从逻辑上看则是判断的复杂组合体。

第二节 概念、判断在汉语中的表现形式

▲(暂缺、再稿时写出。)

▲(目前请同学们阅读中国人民大学哲学系逻辑教研室编著《形式逻辑》中,作为附录的《概念判断在汉语中的表现形式》——1958年9月版84页至111页。)

第五章 推 理

第一节 什么是推理？ 推理的组成要素[1]

[1] 直接推理、间接推理。人类认识过程中，推理作用于直接和间接认识中。

我们的知识有的是从直接（间接）经验中获得的，这种知识对我们无疑非常重要，但这还不够，我们还得要有大量的推论而得的知识，要获得推论的知识，我们便要运用推理这个手段，而且只有运用推理才做得到。《绪言》中我们说形式逻辑所讲的道理是使我们思维正确的必要条件，基本上正是就它在获得这种推论的知识中的作用而言的。

我们要获得推论的知识，便要在已有的知识的基础上进行推理，如：我们拿着一块东西，又确实知道它是煤，我们就能断定它能燃烧，而不必亲自实验，这就是一个推理。因为，在做出这一判断之前，我们早已有了"煤能燃烧"的知识，而现在我们又肯定了这一块东西是煤,于是就自然而然地推出了"这一块东西能燃烧"这个判断来。又如,学习中我们知道了"任何罪恶的社会制度最终都要为人民起而推翻的"这一知识,我们便会自行作出"资本主义社会最终是要为人民起而推翻的"这一判断,而无待教师指明。这也是一个推理。在作出关于资本主义社会的这一判断以前,我们早已知道了一个"资本主义社会是罪恶的社会"这一判断,因而现在我们便会从那两个已知的判断中引申出后一个判断来了。

从上面的话中可以看出推理是我们间接反映、认识现实的手段,它使我们从已有的知识中引申出新的知识来。

推出新知识的已有的知识(判断),不一定都是两个,如上面所说的,也可以是一个或两个以上。因此,我们可以给推理下这样一个定义:推理是间接认识现实的一种思维形式,在推理中我们由一个、两个或更多的已知的判断推出一个新的判断来,而这新的判断,是从原来已知的判断内容中引申出来的。

推理得到的新的判断,虽只是通过思维间接得到的,但作为作出判断的知识却都来自自己或别人的实践,因而推理中所得到的新判断,归根到底也是来自实践、来自客观现实的。当然,如果我们说的是正确的推理的话。

推理是由判断组成的,细说起来,任何推理都有三个组成要素。

一、是出发的判断,它告诉我们已有的知识是什么,以便从它(它们)推出新的判断来。这叫作"推理的前提",简称"前提"。

二、是从前提推出的新的判断,它告诉我们推出的知识是什么,这叫作"结论"。

三、是从前提推出结论来的依据,它告诉我们怎样从前提推出了结论,这叫作"推理的根据"。如上举二例,其根据说到最后是:"凡可以之肯定或否定一全类的,也可以之而肯定或否定其类之任何一事物。"[2]

[2]而其本质则为对客观事物间之某种简单规律之反映。
公理、规则、规律。

第二节 推理的种类

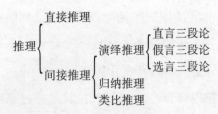

一、根据前提的数量,推理分为直接推理和间接推理。直接推理指的是结论从一个前

提得出的推理;间接推理指的是结论从几个前提得出的推理。

二、根据推理中思维发展的一般的方向,间接推理分为演绎推理、归纳推理和类比推理。

A. 演绎推理中总的看来是由一般原理推出特殊场合的知识的思维过程。

演绎推理,根据推理公理、规律之基本不同,分为三段论与非三段论。三段论又按前提之为什么判断,分为直言三段论[3]、假言直言三段论(简称假言三段论)、纯假言三段论、选言直言三段论(简称选言三段论)以及假言选言三段论等等。

[3] 1. 有些蘑菇(M)是有毒的(P),有些植物(S)是蘑菇(M),所以有些植物(S)是有毒的(P)。

2. 有些唯物主义者是马克思主义者,所有共产主义者都是马克思主义者,所以所有共产主义者都是唯物主义者。

3. 没有一种化学元素是化合物,没有一种化合物是由同一类的原子所构成的,所以所有的化学元素都是由同一类的原子所构成的。

4. 所有的人（M）都是能制造劳动工具的生物（P），猿猴（S）不是人（M），所以猿猴不能制造劳动工具。

5. 所有的正方形都是等角菱形，这些几何图形都是等角菱形，所以这些几何图形都是正方形。

[4] 从而理论不同。

[5] 作为简单属性判断抑作为区别判断（正规的和非正规的）。

[6] 连续推理（包括类比和关系推理）。

在直言三段论中，根据对直言判断（简单属性判断）之分析的不同[4]，又分为狭义三段论和扩充的三段论。

B. 归纳推理。是由特殊场合的知识推出一般原理的思维过程，它有完全归纳法、不完全归纳法之分，其中不完全归纳法又分为简单枚举归纳法和科学归纳法。

C. 类比推理。是由特殊场合的知识推出特殊场合[5]的知识的思维过程。（它可以作为归纳推理的一种）。[6]

在《绪言》章中，我们说过在形式逻辑中主要研究的是演绎推理。我们这里也主要探讨演绎推理，并且在这个讲义中暂时还限于探讨演绎推理中的几种推理，即〖狭义 直言〗三段论、假言三段论〖纯假言〗、选言三段论及假言选言三段论，而重点则放在狭义的直言三段论（以下径称为直言三段论）上。

此外对于直接推理我们也比较详细地来谈。

第三节　直接推理

直接推理共有两种,一是根据判断的对当关系的推理,一是根据判断变形的推理。

1. 根据对当关系的推理

在《判断》章中我们已经谈过了同素材和不同素材可比较判断之间特定的对当关系,利用这种对当关系,我们就可以进行直接推理,如在同素材的判断中,A 真则 E 假,O 也假,E 真则 I 假;反之 E 真则 A 假,O 真则 A 假,I 真则 E 假。不同素材可比较的判断中,有同一关系的判断,一个真则另一个也真,一个假则另一个也假。

这种种对当关系都已为大家所了解。换一个角度,据此而推理,就是根据对当关系的推理,兹不赘。

2. 根据判断变形的推理

这种直接推理,其结论是通过改变前提判断的联系词和宾词[7],或者互换前提判断的主词和宾词的位置而得来的。它根据结论是怎样改变前提判断得来的,而分为换质法、换位法和换质位法三种。

[7] 或两者兼用(联合运用)。

A. 换质法

判断的换质法即把原来的肯定判断变为否定判断,或者把原来的否定判断变为肯定判断,同时把原判断的宾词换为矛盾概念,以形成结论的推理。例如:"任何文章的妙处都是可以讲解的",换质后便得到"任何文章的妙处不是不可以讲解的"。

进行换质有如下两个步骤:(a)改变原判断的系词(使肯定的变否定,使否定的变肯定);(b)以原判断宾词的矛盾概念作为结论的宾词(宾词的矛盾概念用符号 $\bar{p}$ 即非 p 表示)

A、E、I、O 四种判断都可以换质,现在分别把它们换质如下:

(a) A 判断　例如:"所有文学作品都是有阶级性的"(A)可以换为"所有文学作品都不是没有阶级性的"(E)。在这里,A 真 E 真,两者等值,所谓判断的值,指的是判断的真假,所谓等值就是指 A、B 两个判断,如果 A 真则 B 也真,如果 A 假则 B 也假。同真同假的判断叫作"等值判断"。为了说明方便,可用图形表示:

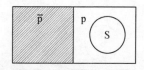

图中 SAP 是指全部 S 在 P 中,而 SEP̄ 是指全部 S 不在 P̄ 中,这种换质表明了前提和结论实际上指的是一个意思,即两者为同一判断(《判断》章中谈的同一关系的一种情况,正是这里所说的情况)。

又例如:"文学作品都是表现人的"(A),换质后为"文学作品都不是不表现人的"(E)。在这里 A 假 E 假,两者等值,指的也是一个意思,也为同一判断。

A 判断换质及前提与结论间的值(真、假)的关系如下式:

SAP ⟷ SEP̄ ("⟷"表示等值)。

(读如:"所有 S 都是 P"换质后为"所有 S 都不是非 P",这两个判断是等值的。)

(b) E 判断 例如:"古代文学不是反映现代的作品"(E),换质后为"古代文学是不反映现代的作品"(A)。在这里,E 真 A 真,两者等值,可用下图表示:

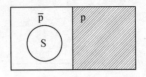

图中，SEP指全部S不在P中，SA$\bar{\text{P}}$指全部S在$\bar{\text{P}}$中。〖同一〗

E判断换质及前提与结论间值的关系如下式：

$$SEP \longleftrightarrow SA\bar{P}$$

（c）I判断　例如："有些文章是有巨大政治意义的"（I），换质后为"有些文章不是没有巨大政治意义的"（O）。在这里I真O真，两者等值，可用下图表示：

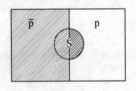

图中SIP指部分S在P中，SO$\bar{\text{P}}$指部分S不在$\bar{\text{P}}$中。

I判断换质及前提与结论间值的关系如下式：

$$SIP \longleftrightarrow SO\bar{P}$$

（d）O判断　例如："有些徒具诗的形式的所谓诗不是诗"（O），换质后为"有些徒具诗的形式的所谓诗是非诗"（Ⅰ）。在这里 O 真 Ⅰ 真，两者等值，可用下图表示：

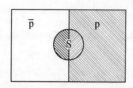

图中，SOP 指部分 S 不在 P 中，SIP̄ 指部分 S 在 P̄ 中。O 判断换质及前提与结论间值的关系如下式：

$$SOP \longleftrightarrow SI\bar{P}$$

B. 换位法

换位法是把出发判断的主词、宾词相互易位，以推得同质的新判断的逻辑推理。如："所有古代的作品都不是反映今天生活的作品"，换位成"所有反映今天生活的作品都不是古代作品"。

要正确运用换位法，必须遵守如下规则：

（1）不改变出发判断的质，这不待解说。

（2）出发判断中名词的周延性，换位后在新判断中不应有所改变。例如："所有文学作品是反映现实的"（SAP）。这个判断中 P 不周延，所以换位后，应该是"有些反映现实的是文学作品"（PIS），即保持出发判断中 P 的不周延;而不应成为"所有反映现实的都是文学作品"。即把出发判断不周延的P,改变为周延的了。

现在就A、E、I、O四个判断分别进行换位如下:

(a) A判断〖 + - 〗 例如刚才举的这个例子就是。这时A判断推出的是I判断,其所以如此,因为出发判断中的P是不周延的(这是A判断的P的一般情形)。这种换位叫作"限制换位",以其在判断的"量"上有所限制。[8]

A判断的P也有的是周延的,这时就不用限制换位。如"辩证唯物主义是马克思列宁主义政党的世界观"(S A P),这时P是周延的,不必限制换位,其结论就是"马克思列宁主义政党的世界观是辩证唯物主义"(P A S)。这种直接互易判断的主词、宾词,而在量上没有限制就得出新判断的方法,叫作"简单换位"。

用简单换位方法得到的新判断,再加以简单换位,就又还原为原判断,但用限制换位法得到的新判断还原为原判断却较复杂,即必须具备补充的知识(补充的前提)[9]才能做到,只是这已不是直接推理了。

[8]限制也者不妥,盖所记数上的限制,主、宾只是如原判断而已。——简单者亦无非如此。只须强调规则(2)即可。下面还原问题。简单换位者确实简单;主词原来不周延就比较复杂,要视有无补充前提可进行。把有"有些"的都还原为"所有"是不当的。

[9]所有P是S。

此外,A判断中P是周延的乃是一种特殊情况,A判断简单换位成A判断,其实也必有补充的知识(补充的前提),即使我们知道P周延的知识,肯定P周延这个前提;因此如同由I得A,这里的由A得A,其实也已经不是直接推理了。

不过,任何A判断都可认P为不周延来进行限制换位而获得一个新的判断;如果原出发判断是真,则新的判断也必真(即等值),这是因为不管P的部分与S重合,还是P的全部与S重合;总之,最少是有一部分P在S中。所以真A换位永远能得出一个真I来。

(b) E判断〖＋ ＋〗 例如:"要建设社会主义社会不能没有党的领导"(SEP),换位后为"没有党的领导就不能建设社会主义社会"(PES),前后两个判断都是E判断;前提真,结论也真(等值),因为E判断的主词、宾词都是周延的,所以换位后仍然得到的是E判断,这也是简单换位。

从结论要再推得出发判断,只能再就结论进行简单换位即得。

(c) I判断〖－ －〗 例如:"有些学生是共青团员"(SIP),换位后为"有些共青团员是学生"(PIS),前后两个都是I判断;前提真,结论也真(等值),这也是简单换位。

从结论再推得前提,只要再就结论进行简单换位即得。

I判断的宾词不周延是一般情况,其换位如上说,但I判断也有宾词周延的情况。这时,它不能简单换位。例如:"有些人是医生"(SIP)这个I判断,其宾词是周延的,换位后应该是"所有医生是人"(PAS),而不能是"有些医生是人",否则,前面一个判断的宾词即后面一个判断的主词,周延的情况便不一致了。和上说A判断换位后得出A判断的情形一样,这时由I判断换位得到A判断,其实[10]也已经不是直接推理了。这里要再由A判断还原为I判断,只需再进行限制换位即得。

(d) O判断〖 - + 〗 O判断不能换位。大家知道O判断("有些S不是P")的主词不周延,如果进行换位,出发判断的主词便成为新判断(O"有些P不是S")的宾词,那么S在出发判断中不周延,到了新判断中却周延了(O判断的宾词是周延的)。这样就违反了规则的第二条。

综上所说,称为换位法之直接推理可以用

[10]所有P是S。

下面的形式表示：

（a）$\dfrac{\text{"所有 S 都是 P"是真的}}{\text{所以,"有些 P 是 S"是真的}}$ 或 SAP⟷PIS

（b）$\dfrac{\text{"所有 S 都不是 P"是真的}}{\text{所以,"所有 P 都不是 S"是真的}}$ 或 SEP⟷PES

（c）$\dfrac{\text{"有些 S 是 P"是真的}}{\text{所以,"有些 P 是 S"是真的}}$ 或 SIP⟷PIS

C. 换质位法

换质位法是换质和换位法的联合应用，它的推理程序是：先把原判断换质，再对换质所得的判断进行换位，就得到了换质位判断。由于换质位的结果，使原判断的宾词的矛盾概念成为结论的主词，所以换质位法就是以原判断的宾词的矛盾概念作为新判断的主词，而新判断在质上与原判断相反的直接推理。它是一种派生的直接推理，现在就 A、E、I、O 分别进行换质位如下：

（a）A 判断　如："一切真正的好作品都是经得住历史的考验的"，先进行换质为"一切真正的好作品都不是经不住历史的考验的"，再进行换位为"一切经不住历史的考验的（作品）都不是真正的好作品"。这三个判断（S A

P、$S E \bar{P}$、$\bar{P} E S$)是等值的(列式为:$S A P \longleftrightarrow S E \bar{P} \longleftrightarrow \bar{P} E S$)。

(b) E 判断　如"所有形式主义的作品都不是好作品",先进行换质位为"所有形式主义的作品都是不好的作品",再进行换位为"有些不好的作品是形式主义的作品"。这个推理中,三个判断($S E P$、$S A \bar{P}$、$\bar{P} I S$)是等值的(列式为:$S E P \longleftrightarrow S A \bar{P} \longleftrightarrow \bar{P} I S$)。

(c) I 判断　I 判断不能换质位。前面说过,$S I \bar{P}$可以换质为$S O \bar{P}$,而$S O P$是不能进行换位的,所以 I 判断不能进行换质位。

(d) O 判断　如"有些好作品不是现实主义的作品",先进行换质为"有些好作品是非现实主义的作品",再进行换位为"有些非现实主义的作品是好作品"。这个推理中,三个判断($S O P$,$S I \bar{P}$,$\bar{P} I S$)等值(列式为:$S O P \longleftrightarrow S I \bar{P} \longleftrightarrow \bar{P} I S$)。

A、O 换质位判断的还原,程序是先换位,再换质即得。当然,E 判断的$\bar{P} I S$还原为$S A \bar{P}$,其实已经不是直接推理了,道理已见于前。

D. 戾换法（略）

E. 假言判断各件的逆换（略）

3. 直接推理的意义[11]

直接推理的意义虽不应过于夸大,却也是不能忽视的。直接推理是我们进行思维和认识现实获致新知的一种必要的、常用的方法。下面简单地提出它主要的几点。

直接推理可以使我们的思想[12]得到一定程度的展开,从而获致新知。这只要从根据一个判断的真假便可推得几个判断的真假或真假不定[13];从前提推得它原含蕴而不明显的新思想,从前提推得另一有关对象的知识等等,就可以了然。

直接推理使我们从许多关系、从许多方面去思考对象,因而使我们的思想确定而周密。

后面这一点和语言表达尤有密切关系;确定而周密的思想,正是我们语言表达准确、丰腴、有力的一种基础。

[11] 等值——区别的假言判断可以如:"如果马克思主义害怕批评,如果可以批评倒,那么马克思主义就没有用了",反过来,"如果马克思主义没有用,那么马克思主义就会害怕批评,就会被批评倒"。
[12] 展开思想。
[13] 对当。

原判断	新判断			
	换质法	换位法		换质位判断
	换质判断	方式	换位判断	
Ⓐ SAP	SE$\bar{\text{P}}$	限制换位 (简单换位)	PIS (PAS)	$\bar{\text{P}}$ES ($\bar{\text{P}}$AS)
Ⓔ SEP	SA$\bar{\text{P}}$	简单换位	PES	$\bar{\text{P}}$IS
Ⓘ SIP	SO$\bar{\text{P}}$	(限制换位) 简单换位	(PAS) PIS	—
Ⓞ SOP	SI$\bar{\text{P}}$	—	—	$\bar{\text{P}}$IS

第六章 推理——直言三段论

第一节 直言三段论及其结构

三段论是演绎推理的一种,演绎推理又是间接推理的一种。

演绎推理的客观基础是现实中一般与特殊,特殊与个别的关系。在客观世界中,各个具体事物都是一般与特殊与个别的不可分的统一体;一般存在于特殊、个别之中,而个别包含着特殊与一般。正是在这一客观基础上,我们才能依据一般原理推出特殊、个别场合的知识,才能有演绎推理这种推理。

演绎推理的种类很多,三段论是最通用的一种;三段论又分为很多种,下面接着我们先对直言三段论作一番考察。

直言三段论,前面已初步谈过,它是以两个直言判断(简单属性判断)为前提推出必然

结论的推理。例子已屡见,为说明方便,兹再举一例:

> 科学是有用的
> 逻辑是科学
> ―――――――
> 所以,逻辑是有用的

从结构方面看,它是由两个前提和一个结论组成的;三个判断中共有三个名词。结论这个判断中的主词叫小词(用 S 标志),宾词叫大词(P);前提中含有大词的那个判断叫大前提,含有小词的那个判断叫小前提。两个前提中共有、而在结论中没有的那个名词叫中词(M)(和中词相对,大、小词又称"端词")。它的公式是:

$$M\text{——}P$$
$$S\text{——}M$$
$$\overline{\phantom{S\text{——}M}}$$
$$S\text{——}P$$

了解了这些,我们可以较进一步说:直言三段论是从两个由一个共同概念联系的直言判断推出必然结论的演绎推理。

第二节　直言三段论的公理

直言三段论之所以能从两个前提必然推出结论,其依据即直言三段论的公理。所谓公理是客观事物的一种极普遍的、极简单的关系之反映。这种关系在人类亿万次的实践活动中,不仅为人们所认识,并且成为无须验证的道理。

直言三段论的公理是:凡对一类事物有所肯定[1](或否定),则对该类事物中的每一对象也就有所肯定(或否定)。

[1] 一般的肯定。

例如上举的〖特殊〗例子,我们对于"科学"有所肯定——肯定为"有用的",则对这类事物中的一个〖个别〗对象——"逻辑"也就有所肯定——肯定为"有用的"。反之,如下面的例子:

所有贫农都不是剥削者
他是贫农
―――――――――――――
所以他不是剥削者

我们对于"所有贫农"有所否定——否定其为"剥削者",也就对这类事物中的一个对象——"他"有所否定——否定他为"剥削者"。

我们分别从外延方面来考察这两个具体的三段论中三个名词之间的关系。

前一例中,名词 M 的外延包含在名词 P 的外延中,而名词 S 的外延又包含在名词 M 的外延中。这样,名词 S 的外延也就必然地包含在名词 P 的外延中了。

这可以用下图表示:

后一例中,名词 M 的外延完全被排斥在名词 P 的外延外,名词 S 的外延又全部被包含在名词 M 的外延中。因而,名词 S 的外延也就必然地被排斥在名词 P 的外延之外。这可用下图表示:

第三节　直言三段论的规则

三段论的推理只有具备了两个条件，其结论才是真实的：

（1）前提是真实的，即前提是符合客观实际的。[2]

（2）推论合乎三段论的规则。

任何三段论如果破坏了上面两个条件，就不能必然地推出真实的结论。

直言三段论的规则共有八条，其中三条是关于名词的，五条是关于前提的。它们是我们获得真实结论的必要条件。

1. 名词的规则

A. 在每一个三段论中只能有三个名词，不能多也不能少。

这里说的三个名词，即大词、小词和中词。在三段论中，小词和大词是通过中词的媒介作用才被必然地联系起来。假如其中只有两个名词（S、P），则这两个名词就没有媒介，不能直接联系起来。这种情况下，即使是推理，也只能是直接推理[3]而根本不能是间接推理。假如直言三段论中有四个名词，则在大前提中大

[2]"形式逻辑是哲学"这个前提（判断）是错误的。哲学是有阶级性的；形式逻辑是哲学；所以形式逻辑是有阶级性的。

[3]换位机能。

第六章　推理——直言三段论

词和一个词发生联系,在小前提中小词对另一个词发生联系,这样大、小词就因为没有媒介而不能发生必然的联系,因之也就不能推出必然的结论来。可见这条规则是直言三段论的结构所规定的,[4]它的实质是规定中词只能有一个。(即中词标示的这个概念在两个前提中应当是同一的——标示相同的对象,有相同的外延)[5]。

违反这条规则最常见的逻辑错误是"四名词错误",人们通常是把标志两个不同概念的,写法、读法相同的语法上的"词"混为一个概念而犯此错误的。如《绪言》中我们为说明必要条件"无之必不然"情形时举出的例子就是如此。另外还有别的情形。《绪言》中假定某个初中学生所作的关于语法的推理便是一例。

也有故意犯这个错误以迷乱对方的。

[4] 鸟在天上飞,鱼在水中游。

[5] M——不周延的形式:一、如例:有些 S 与 P 是并列关系,图 (S M P),可能 S 与 P 是交叉关系,图 (S M P),可能 S 与 P 是同一关系,图 (M SP),可能 S 与 P 是从属关系,图 (M P S),或图 (M S P)。二、有些人是劳动模范,有些人是战斗英雄,可能 S 与 P 是完全不同的两词,图 (S)(M)(P),可能有些 S 是 P,有些 P 是 S,图 (M SP),可能不是 S 是 P,或所有 P 是

S，图(M(P)S)，图(M(P)S)，可能S与P是同一关系，图(M(SP))。三、凡出席此会的人，都有出席证；有些有出席证的是苗族人，可能S非P，P非S，图(M(S))，可能有些S是P，有些P是S，图(M(P)S)，可能所有S是所有P，图(M(SP))，可能所有S是P，所有P是S，图(M(P(S)))、图(M(P)S)。四、有些人攻下了科学堡垒，所有____a都是____(P)，〈同上，只是M的位置与上不同〉。

[6] 物质是不灭的（标志客观存在的哲学范畴）。

桌子是物质，所以桌子是不灭的（具体物体）。

是否应说：桌子是"物质构成的物体"，非即物质？

"四名词错误"经常表现为"偷换中词"。[6]

B. 中词在两个前提中至少要有一次是周延的。否则就不能推出必然结论。

中词的作用在于使我们能确定小词、大词间的联系，但中词在前提中两次都不周延，就不能具有这种作用。这时大词、小词与之发生联系的、中词的部分外延，固然可能是同一部分，却也可能是不同的部分，从而，结论中小词、大词间便没有唯一确定（即必然）的联系了。[7]例如：

所有液体(P)〖 + 〗都有弹性(M)〖 - 〗
某物〖 + 〗(S)有弹性〖 - 〗(M)

所以,？

由这两个中词都不周延的前提推不出必然的(唯一确定的)结论来,也即由这样的前提可以作出几种互不相容的结论来："某物是液体"〖a〗和"某物不是液体"〖b〗(它们不可能同真)。

此时三个名词外延间的关系用下图表示：

(a)

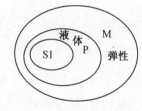

(b)

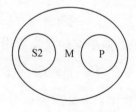

[8]

(a)是S既在M中也在P中的情况,即S1的情况,"某物是液体"的情况；(b)是S虽在M

[7]可能S、P同M的同一部分,也可能同M的不同部分发生联系,因而也就无法在结论中断定S、P间处于何种关系。

[8]结论中大词周延,前提中大词亦必周延(小词不周延,前提中的小词可能周延,结论只取部分)。

中却不在 P 中的情况,即 S2"某物不是液体"的情况。

我们要得出必然结论是运用三段论推理的目的,因此就不能违反这条规则。

违背了这条规则就要犯"中词两次都不周延"的逻辑错误。

C. 大词或小词在前提中不周延,在结论中也不得周延。在结论中周延,在前提中是亦必须周延。

这条规则是关于大词和小词的规则,如果大词(或小词)在前提中不周延,即它以部分外延与中词发生联系,那么大词(或小词)也仅仅能以部分外延与小词(或大词)相关。因为中词在这里只对不周延的大词(或小词)具有媒介作用,而不能确定周延的大词(或小词)与小词(或大词)之间具有怎样的关系。前提中大词(或小词)只采取部分外延,而在结论中却采取全部外延,就使中词的媒介作用失效,因而这种情况是不合理的、错误的、不允许发生的,违反了这条规则就要犯大词不当周延或小词不当周延的逻辑错误。

大词不当周延的例子如:

所有发烧的人(M)都是病人(P)
某人(S)未发烧(M)

所以,某人〖 - 〗(S)不是病人(P)

这个结论不可靠,因为大词在前提中不周延而到结论中却周延了。这个结论不可靠的推理中,各名词外延间的关系可用图表示。

在第一个前提中说 M 包在 P 中;在第二个前提中说 S 被排斥在 M 之外,然而这里,S 对 P 的关系还是不确定的,即 S 被排斥在 M 之外时,既可以把它包在 P 中,也可以不把它包在 P 中:

(a)

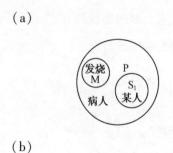

(b)

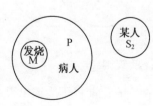

(a) 中 S 被排斥于 M 外,但却包在 P 中("S 是 P");

(b)中S被排斥于M外,同时也被排斥在P外("S不是P")。

这样,结论既有"S是P",也有"S不是P",而这两个又是不能同真的不相容的判断。所以这个推理的结论是可疑的。

小词不当周延的例子如:

电影(M)是文娱工具(P)
电影(M)是思想教育工具(S)

所以,思想教育工具(S)都是文娱工具(P)

这个结论之所以错误,是由于小词不当周延。在前提中本来是思想教育的一种工具,而在结论中却变成全部的思想教育工具了;这里名词外延间的关系如下图所示。

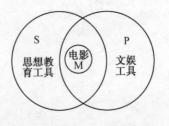

2. 前提的规则[9]

[9]所有文学作品是现实的产物,陶渊明《桃花源记》是文学作品。

A. 从两个肯定前提不能推出否定结论。

如果两个前提都是肯定的,也即大词和小词都是以肯定方式与中词联系,那么,大词和小词间也应以肯定方式相联系。这就是说,结论只能是肯定判断,而不能是否定判断。否则,中词在前提中把大词和小词联系起来,而到结论中却又把它们分开了。这显然是不合理的、错误的、不允许发生的。

B. 从两个否定前提不能推出任何结论。[10]

如果两个前提都是否定的,那么大词和小词都与中词相排斥,即中词与大词、小词都没有关系。如此,自然不能推出确定的结论,否则中词在前提中与大词、小词都全无干涉而到结论中却又把它们联系起来了。这显然也是不合理的、错误的、不允许发生的。

C. 如果两个前提中有一个是否定的,那么,结论也必然是否定的。

如果两个前提中有一个是否定的,另一个是肯定的,那么,在前提中不外两种情形:中词与大词排斥而与小词联系,或者中词与小词排斥而与大词联系。但无论是哪一种情形,小词和大词之间总是互相排斥的。这也就是说,结论总是否定的。否则,中词在前提中把大词、小词分开,而在结论中却又把它们联系起来。[11]

D. 从两个特称前提推不出任何结论。

两个特称判断作为前提不外三种情况:

[10] 任何鲸不是鱼,这只水生动物不是鲸,虽非鲸,可能是根本非鱼——海豹。

[11] 不是唯物主义者都不是信神的人;
来人是信神的人。(二格)
所有剥削者都是剥削人的人,
×不是剥削人的人。(二格)

（a）两个特称肯定判断（I 和 i）作为前提。这时则没有一个名词是周延的。但前提中中词却非有一次周延不可，因此，这种情况下就推不出必然结论来。[12]

（b）两个特称否定判断（O 和 o）作为前提，这时既是两个否定判断作前提，就也不能推出任何结论。[13]

（c）一个特称肯定判断和一个特称否定判断（o 和 i）作为前提，这时只有 O 的宾词周延。为了避免犯中词两次都不周延的错误，这个唯一的周延的名词就应是中词；如果它是中词，那么大词、小词便只能是不周延的。但是，在这两个前提中有一个否定的，其结论则必应是否定的，这样大词作为结论的宾词也必应是周延的，可是大词在前提中并不周延，现在如果到结论中变成周延的，这就要犯大词不当周延的错误。如果要避免这一错误，那个在前提中唯一周延的名词就应该是大词。但这样一来，中词又一次也不周延了，因而不能不又陷于中词两次都不周延的错误中。总之，这里难免违反名词周延的规则，所以总是推不出结论来的。

E. 如果两个前提中有一个是特称的，那

[12]有些人是住校学生，有些机关干部是住校学生（不含二格）

[13]有些学生不是党员，有些学生不是苏州人。（不含二格）

么结论也必然是特称的。

两个前提中有一个是特称的前提,不外这四种情形:A 和 I,E 和 O,A 和 O,E 和 I,其中 E 和 O 得不出结论。见前说,不必再谈。

(a) A 和 I 的情形,A 和 I 作不出全称结论。因为两个前提中只有一个名词周延,即 A 的主词。根据中词周延的规则,它必须是中词,这样大词、小词便只能不周延。既然小词不周延,结论当然只能是特称的。[14]

(b) A 和 O 的情形,A 和 O 也作不出全称结论。"因为前提中只有两个周延的名词,其一为中词,另一必为大词(有一否定前提则得否定结论;否定结论的大词必是周延的,所以另一必为大词)。既然如此,余下的小词就只能是不周延的,也即结论只能是特称的。"[15]

(c) E 和 I 的情形,E 和 I 也作不出全称结论。其理由与 A 和 O 的相同。这样,小词既是不周延的,结论当然也就是特称的了。[16]

[14] 哺乳动物都用乳哺育幼体,有些水生动物是哺乳动物。只能得出有些水生动物用乳哺育幼体,不能定种。

[15] 哺乳动物都用乳哺育幼体,有些水生动物不是哺乳动物。只能得出有些大部分水生动物不是哺乳动物。

[16] 哺乳动物都不(是)属于鱼类,有些水生动物是哺乳动物,只能得出这些水生动物不(是)属于鱼类。

第四节 直言三段论的格,各格的规则和认识意义

直言三段论两个前提中有一个共同的名词,即中词。中词在前提中所占的位置不同,就形成了直言三段论的不同形式;这种种不同的形式,就叫作直言三段论的格。

直言三段论共有四个格。任何直言三段论,其形式都不外乎这四个格。我们把这些格分别称为第一格、第二格、第三格、第四格。

第一格　中词是大前提的主词,又是小前提的宾词。公式是:

例子前已屡见,兹再举一例:

"人民教师应具有共产主义道德品质,我是人民教师,所以我应具有共产主义道德品质。"

第二格　中词是大前提,也是小前提的宾词。公式是:

例子已见于前,兹再举一例:

"所有觉悟不高的同学都不能服从工作分配,某同学服从工作分配,所以某同学不是觉悟不高的同学。"

第三格　中词是大前提,也是小前提的主词。公式是:

例子亦见于前,兹再举一例:

"赵树理不是大学中文系毕业的人,赵树理是大作家,所以有些大作家不是大学中文系毕业的人。"

第四格　中词是大前提的宾词,又是小前提的主词。公式是:

例如:

优秀的古典文学作品(P)都是具有高度人民性的作品(M)

具有高度人民性的作品(M)是可以长期流传下去的(S)

所以,有些可以长期流传下去的(S)是优秀的古典文学作品(p)。

[17]

这四个格里,第一格最典型地表现了直言三段论公理的作用,所以又称为典型格。应用是最多的。

三段论的每一格都有自己的规则。从某一格要推出正确结论也都必要遵守它自己的规则。各格的规则都是由直言三段论的总的规则结合各格中词位置的不同而引申出来的。

第一格的规则:1.大前提必须是全称的;2、小前提必须是肯定的。

[17]主词在全称判断中周延,在特称判断中不周延;宾词在肯定判断中不周延,在否定判断中周延。无产阶级政党能和广大的人民群众取得最密切的联系,资产阶级政党不是无产阶级政党;所以,资产阶级政党不能和广大的人民群众取得最密切的联系。此时第一格小否也能作出正确结论。因大前提P+。

 O,

 E,

 O,

 。

我们先证明小前提必须是肯定的,假定小前提是否定的,这时结论的大词周延。那么,在前提中大词也不能不周延,而要如此,只有在大前提是否定的情况下才成。如果是这样,则大、小前提便都是否定的;但如此便得不出任何结论,这就是说,我们的假定是错误的:小前提不可能是否定的。因而,小前提必须是肯定的。[18]

现在再证明大前提必须是全称的。假定大前提是特称的,在这种情况下,大前提中的中词不周延。但我们已经证明,第一格中小前提必须是肯定的,即小前提中的中词不周延。可见,如果大前提是特称的,那么中词在任何一个前提中便都不周延。我们知道,中词两次都不周延便推不出任何结论。所以,我们的假定又是错误的:大前提不应是特称,而只应是全称的。

第一格的独特的认识意义是根据一般性、普遍性来认识特殊、个别。在证明中用于证明某一判断的真实性。

第二格的规则:1. 两个前提必须有一个是否定的;2. 大前提必须是全称的。

先证明有一个前提必须是否定的。假定

[18]所有艺术工作者都应该好好学习马列主义毛泽东著作,我不是艺术工作者,所以我不需要。

两个前提都是肯定的,则第二格的中词就两次都不周延。因此,必须有一个前提是否定的。

由此就可证明大前提必须是全称的,既然有一个前提是否定的,则结论也必然是否定的,也即结论中的大词是周延的。结论的大词在第二格的前提中处于大前提主词的地位,所以大前提就必须是全称的。[19]

第二格常用于否定一类事物从属于另一类事物,以反驳肯定判断。

第三格的规则是:1. 小前提是肯定的;2. 结论是特称的。

先证明小前提是肯定的。假定小前提是否定的,则结论也必是否定的,结论中的大词也必是周延的,即第三格的大词也必是周延的;而大词在大前提中周延,则这个前提必然是否定的。这就是说,这时大、小前提都是否定的。我们知道,这样,这个推理便是无结论的,因而我们的假定是错误的。所以,小前提必须是肯定的。

既然小前提是肯定的,则其中的小词不周延。小词在前提中不周延,在结论中也就不得周延。所以,结论只能是特称的。

第三格常用来指出例外情形,以反驳全称

[19] 大全小肯,一否大全。

判断。

第四格,这一格是比较复杂的,它不像前三格有共同一致的规则,虽然在思维活动中不常用,但有时也要用到。关于第四格可以提出三条规则:1. 如果前提中有一个为否定,大前提则必须是全称;2. 如果大前提为肯定,小前提则必须为全称;3. 如果小前提为肯定,结论则应为特称。

先证明1. 既然前提中有一个是否定,则结论必然是否定。结论否定则结论中大词周延,所以,大前提必须全称。

再证明2. 既然大前提为肯定,则大前提中的中词不周延;这样,则小前提中的中词便一定得周延,所以小前提必须为全称。

最后证明3. 既然小前提为肯定,则小前提中的小词不周延,所以,结论必须为特称。

上面说过,第四格没有共同一致的规则,所以这三条不是非一齐用上不可的。

第四格在运用上没有什么特殊意义。[20][21]

确定了某一三段论属于哪一格后,在检查它的正误时,不必用一般的八个规则,只用该格独具的规则就行。

[20]小肯结特,四之二,大肯小全(一否大全,小肯结特)

[21]第四格IE,有些学生是共青团员(I),所有共青团员不是50岁的人,所以,50岁的人不是学生。P不当周延。

有些动物是四足的(I),所有四足的不是非动物,所以,非动物不是动物。P不当周延。

第五节　直言三段论各格的式

（各格的亚种）

直言三段论都由三个判断组成。这三个判断的质量可有种种不同,而每一个判断都有四种可能。即或为 A,或为 E,或为 I,或为 O。这三个判断的种种不同的配合,就构成了直言三段论的不同的式。直言三段论的式,即按前提和结论的质量差异而形成的形式。如一个三段论可以由三个全称肯定判断组成,则这时,AAA 就是它的式(在式中,大前提写在前边,小前提写在中间,结论写在最后)。

三个判断,每个判断有四种可能;把三个判断因质量不同而排列起来就可以有 64 式($4^3 = 64$)。如把结论除外,单就前提说,则可得 16 式($4^2 = 16$)。这 16 式如下表:

AA	EA	IA	OA
AE	EE	IE	OE
AI	EI	II	OI
AO	EO	IO	OO

在这 16 式中,有许多是违反三段论的总

规则的,如 EE、OE、EO、OO 等,II、OI、IO 等都推不出结论。除去诸如此类的,合乎总的规则的论式,就只有 AA、AE、AI、AO、EA、EI、IA、IE、OA 九式,这叫作"有效式"(或"正确式")。

还有,这九式中,IE 虽然没有违反三段论的总规则,但于(前三)个格的规则都不合,所以又只剩下了八个有效式。

每个格因为有自己的规则,所以这个格并不是上说各式俱全的。

如 IA、IE、OA 三式就和第一格、第二格大前提必须全称的规则不合,而不能为第一格、第二格所具有;AE、AO 两式就和第一格、第三格小前提必须肯定的规则不合,而不能为第一格、第三格所具有。

现在把每一格中的有效式写在下面:[22]

第一格的有效式有四个,即 AAA、EAE、AII、EIO。

不过,这四个有效式,有的又可以派生出有效式来,如 AAA 有效,则 AAI 也必然有效。因为根据从属关系,A 真,I 也真。又如 EAE,根据一样的道理,可以派生出 EAO 这个有效式(AII、EIO 不能派生出有效式),所以,第一格又可说有六个有效式。[23]

[22] 又有形式上合乎严格规则,而又违反名词规则,因而无效,是不正确的(讲义所举误例多此类)。

[23] ①AE 为大前提;AI 为小前提;②AE 为大前提;AEIO 为小前提;③AIEO 皆可为大前提,AI 为小前提;④AIE 大,AEI 小。

第二格的有效式有四个,即 EAE、AEE、EIO、AOO。

其中,AEE 派生 AEO,EAE 派生 EAO,所以也可说有六个有效式。

第三格的有效式有六个,即 AAI、IAI、AII、EAO、OAO、EIO。

第四格的有效式有五个,即 AAI、AEE、IAI、EAO、EIO。

其中,AEE 派生 AEO,所以也可说有六个有效式。

上列四格的有效式计 19 个(包括派生的计 24 个)。有些看去似乎重复,如 EIO 就有四个,但因为它们所在的格不同,而各格的中词的位置不同,所以仍然是不同的式。

从上列四格的有效式中,可以清楚地看出:第一格可以作出 A、E、I、O 四型的结论,第二格的结论都是否定的,第三格的结论都是特称的,第四格的结论不能是 A 型的。

一切直言三段论都是以一定的式的形式存在,如果我们熟悉这些式,并能有意识地去运用,那么遇到两个前提时,就能很快而准确地判断它们能否作出结论,以及能作出怎样的结论。这样就能使我们的思维按着正确的路线进行,同时,对于别人已构成的不正确的直言三段论,我们也能迅速准确地发现其错误之所在,而加以纠正或揭露。

[24]

直言三段论第二、三、四格之化为第一格。(略)

[24]
就结论说	就小前提说	就大前提说
一全	一肯	一全
二否	二全	二全
三特	三肯	三全
四不A	四不O	四不O

第七章　推理——假言三段论

第一节　假言三段论是什么？　假言推理的依据和种类

假言三段论是至少大前提为假言判断的三段论。

假言三段论的推理依据和直言三段论不同，直言三段论根据概念外延间的关系进行推理，而假言三段论则根据假言前提的前件与后件间关系的性质进行推理。

根据假言三段论的小前提为直言判断或亦为假言判断，假言三段论分为混合的假言三段论和纯粹的假言三段论两种。

混合的假言三段论是大前提为假言判断，小前提为直言判断，而结论为直言判断的假言三段论。如："如果你用心学习，则你的成绩就会好转；你的成绩不见好转，所以你没有用心学习。"这种三段论，又称为"假言直言三段论"。

纯粹的假言三段论是大、小前提都为假言判断，而结论一般也为假言判断，只在较特殊的情况下为直言判断的假言三段论。一般的情况的例子，如："如果月球没有大气，则光线就不在它表面的附近折射；如果光线不在月球表面附近折射，那么月球上就没有黄昏；所以，如果月球上没有大气，那么它上面就不会有黄昏。"较特殊的情况的例子，如："如果三角形是钝角三角形，那么其中大角对大边；如果三角形是非钝角三角形，那么其中大角对大边；所以，在三角形中，总是大角对大边。"

混合的假言三段论中，根据大前提前件和后件间关系的性质之不同，又分为以非区别的假言判断为大前提的假言三段论和以区别的假言判断为大前提的假言三段论两种。前者可称为非区别的假言三段论，或充分条件的混合假言推理；后者可称为区别的假言三段论，或充分又必要条件的混合假言推理。

第二节 混合的假言三段论——非区别的假言三段论和区别的假言三段论[1]

[1] 充分——有之必然,无之未必不然。必要——有之未必然,无之必不然。

[2] 前是后的充分而非必要;后是前的必要而非充分。

(1) 非区别的假言三段论。[2] 它是以非区别的假言判断为大前提的。非区别的假言三段论可能式约为如下四式:

"如果 A 是 B,则 C 是 D;A 是 B;所以 C 是 D。"例子:"如果学生用功,则他的功课好;学生用功;所以他的功课好。"

"如果 A 不是 B,则 C 不是 D;A 不是 B;所以 C 不是 D。"例子:"如果学生不用功,则他的功课不会好;学生不用功;所以他的功课不会好。"

"如果 A 是 B,则 C 不是 D;A 是 B;所以 C 不是 D。"例子:"如果下雨,则我们就不去了;下雨;所以我们不去了。"

"如果 A 不是 B,则 C 是 D;A 不是 B;所以 C 是 D。"例子:"如果没有天灾,则今年收成还要更好;没有天灾;所以今年收成还要更好。"

非区别的假言三段论大前提前后件间关系的性质,决定它只能有两种正确的推理方式:肯定式和否定式。

A. 肯定式。前面举出的例子都是肯定式

的,它的推理的过程是,小前提肯定大前提的前件,从而结论肯定大前提的后件。公式是:

如果 A 是 B,则 C 是 D;
A 是 B;
―――――――――
所以 C 是 D。

B. 否定式。否定式的推理的过程是:小前提否定大前提的后件,从而结论否定大前提的前件。例如:

如果学生用功,则他的功课就好;
他的功课不好;
―――――――――
所以他不用功。

否定式的公式是:

如果 A 是 B,则 C 是 D;
C 不是 D;
―――――――――
所以 A 不是 B。

从上说,我们可以看到非区别的假言三段论的一条规则,即肯定前件可以肯定后件;否定后件可以否定前件。

还有另一条规则,即否定前件,不能否定后件;肯定后件,不能肯定前件。

运用非区别的假言推理时,必须遵守上面这两条规则才能得到必然的可靠的结论。

（2）区别的假言三段论,它以区别的假言判断为大前提。

根据区别的假言判断大前提前后件间关系的性质,区别的假言三段论有四种正确的推理方式,即肯定前件式、否定前件式、肯定后件式、否定后件式。

A. 肯定前件式。推理过程是由肯定前件到肯定后件。例如：

当,并且仅当三角形的三个边相等时,它的三个角才相等

某三角形的三个边相等
―――――――――――――――

所以某三角形的三个角相等

公式是：

当,并且仅当 A 是 B 时,C 是 D
A 是 B
―――――――――――――――

所以 C 是 D

B. 否定前件式。推理过程是由否定前件到否定后件。例如：

当,并且仅当三角形的边相等时,
三角形的角才相等
某三角形的边不相等
―――――――――――――――

所以某三角形的角不相等

公式是：

当,并且仅当 A 是 B 时,C 是 D
　　A 不是 B
――――――――――――――

　　所以 C 不是 D

C. 肯定后件式。推理过程是由肯定后件到肯定前件。例如：

当,并且仅当三角形的边是相等时,
　　三角形的角才是相等的
　　某三角形的角是相等的
――――――――――――――

　　所以某三角形的边相等

公式是：

当,并且仅当 A 是 B 时,C 是 D
　　C 是 D
――――――――――――――

　　所以 A 是 B

D. 否定后件式。推理过程是由否定后件到否定前件。例如：

当,并且仅当三角形的边相等时,
　　三角形的角才相等
　　某三角形的角不相等
――――――――――――――

　　所以某三角形的边不相等

公式是：

当,并且仅当 A 是 B 时,C 是 D

C 不是 D

所以 A 不是 B

第三节　纯假言三段论

客观现象有其依存关系,第一个现象的出现,常常引起第二个现象的出现,而第二个现象的出现又引起第三个现象的出现。这时,第三个现象的出现,就可以看作是由于第一个现象所引起的。这个简单的事实,就是纯假言三段论(推理)的客观依据。

这种客观依据反映在逻辑推理理论中,就可以表达为这样一句话:推断的推断就是理由的推断。这句话也就是纯假言推理的公理。

纯假言三段论的前提是由非区别的假言判断组成的,因之,纯假言三段论应遵循的推理规则也同于混合的假言三段论中的非区别的假言三段论的规则。

纯假言三段论的形式很多,一般作为公式的是:

如果 A 是 B,则 C 是 D;

如果 C 是 D,则 E 是 F;

所以,如果 A 是 B,则 E 是 F。

(或,如果 E 不是 F,则 A 不是 B。)

例子已见于前,兹再举一例:

如果文学作品缺乏艺术力量,则它就不能激发读者,引起他们深刻的感情;

如果它不能激发读者,引起他们深刻的感情,则它就不能有力地影响读者;

所以,如果文学作品缺乏艺术力量,则它就不能有力地影响读者。

(或者,如果文学作品能有力地影响读者,则它就不是缺乏艺术力量的。)

不用说,这是一般的形式。此外,一般的形式还有:

如果 A 是 B,则 C 是 D;

如果 E 是 F,则 A 是 B;

所以,如果 E 是 F,则 C 是 D。

(或,如果 C 不是 D,则 E 不是 F。)

例如:

如果作品写出了"典型",则它就有很高的价值;

如果"主人翁"艺术地深刻地概括了生活,则作品就写出了"典型";

所以,如果"主人翁"艺术地深刻地概括了生活,则作品就有很高的价值。

(或如果作品没有很高的价值,则"主人翁"就没有艺术地深刻地概括了生活。)

还有:

如果 A 是 B,则 C 是 D;

如果 E 是 F,则 C 不是 D;

所以,如果 E 是 F,则 A 不是 B。

(或,如果 A 是 B,则 E 不是 F。)

例如:

如果我有空,我就能来参加会议;

如果我那时在上海,则我就不能来参加会议;

所以,如果我那时在上海,则(这就是说)我没空。

(或,如果我有空,则我那时就不在上海。)

还有:

如果 A 是 B,则 C 是 D;

如果 A 不是 B,则 E 是 F;

所以,如果 C 不是 D,则 E 是 F。

(或,如果 E 不是 F,则 C 是 D。)

例如:

如果我有空,则我在公园散步;

如果我没有空,则我在教室复习功课;

所以,如果我不在公园散步,则我在教室复习功课。

(或,如果我不在教室复习功课,则我在公园散步。)

上列诸式可以看作非区别的假言三段论的复合体,它们都可以分解为两个非区别的假言三段论。此不具语。

较特殊的纯假言三段论中,有一个常用的形式,它的例子已举于前,它的形式是:

如果 A 是 B ,则 C 是 D;

如果 A 不是 B,则 C 是 D;

所以 C 是 D。

纯假言三段论,也必须前提真实,推理又符合规则,才能推出正确的结论。而在运用这一较特殊的形式时,还必须两个前提的理由(前件)是真正互相否定的。

第八章　推理——选言三段论、二难推理(假言选言推理)

第一节　选言三段论及其推理种类、规则与依据

选言三段论是大前提为选言判断的三段论。如"我们建设社会主义的方法或是多快好省,或是少慢差费;我们采取了多快好省的方法;所以,我们拒绝了少慢差费的方法"。

选言三段论,根据小前提是肯定判断从而结论是否定判断,或者小前提是否定判断,从而结论是肯定判断,而分为肯定否定式和否定肯定式两种。

1. 肯定否定式　它的推理过程是:小前提肯定一个选言肢,从而结论否定其他各肢。例如上举的例子。又如:

国际形势不是东风压倒西风,就是西风压

倒东风；

现在是东风压倒西风；

所以，现在不是西风压倒东风。

上举的例子，大前提都只有两个选言肢，小前提肯定了其中之一，从而结论否定了另外一肢。

选言三段论大前提的选言肢可以有两个以上。其推理过程也是由小前提肯定其一，而结论中否定其余。现在举三肢、四肢的例子如下：

a. 这个三角形或是锐角三角形，或是直角三角形，或是钝角三角形；

这个三角形是直角三角形；

所以，这个三角形不是锐角三角形，也不是钝角三角形。

b. 这篇作品或是诗歌，或是小说，或是戏剧，或是散文；

这篇作品是散文；

所以这篇作品不是诗歌、小说，也不是戏剧。

肯定否定式的公式是：

A 或者是 B，或者是 C；

A 是 B；

所以，A 不是 C。

2. 否定肯定式　它的推理过程是：小前提除一个选言肢以外，一概加以否定，从而结论中肯定那个未加否定的选言肢。例如：

有机体或者是单细胞的，或者是多细胞的；

这一有机体不是单细胞的；

所以，这一有机体是多细胞的。

在这一推理中，第二个前提否定了一个选言肢，从而结论中肯定了另一个选言肢。

大前提有三个、四个选言肢的例子如：

a. 一个企业或者是大型的，或者是中型的，或者是小型的；

这个企业不是大型的，也不是小型的；

所以，这个企业是中型的。

b. 当前我国知识分子走的道路不外四种：或者是只专不红，或者是只红不专，或者是不红不专，或者是又红又专；

你走的不是只专不红，只红不专，不红不专的道路；

所以，你走的是又红又专的道路。

否定肯定式的公式是：

A 或者是 B，或者是 C；

A 不是 B；

所以，A 是 C。

选言三段论大前提的选言肢也都可以全是判断。

正确运用选言三段论,应该遵守它自己的规则。它的规则有二:

一是选言肢之间必须彼此不相容;

二是选言肢必须穷尽所讨论问题之可能。

我们来分析一下这两条规则。

选言三段论中大前提选言肢之间相容与否和穷尽与否只能有四种可能的组合,即(1)不相容而穷尽;(2)不相容而不穷尽;(3)相容而穷尽;(4)相容而不穷尽。

(1) 在不相容而穷尽的情况中,B 和 C 不相容,所以小前提肯定(A 是 B),则结论可以否定(A 不是 C)。同时 B 和 C 已经穷尽了讨论问题之可能,所以小前提否定(A 不是 C),则结论可以肯定(A 是 B)。

(2) 在不相容而不穷尽的情况中,B、C 不相容,所以小前提肯定(A 是 B),则结论可以否定(A 不是 C)。此时虽然由于 B、C 没有穷尽讨论问题之可能(还有 D、E、F……),但小前提既已肯定其一,则 C、D、E、F……当然便都可以加以否定了(是 B,自然就不会又是 C、D、E、F 之一了)。

B、C不穷尽,小前提却不能否定(A不是C),而结论得出肯定(A是B)。这因为还有其他可能(D、E、F……);A虽不是C,却也未必是B,也有可能是D、E、F等之一。

(3)在相容而穷尽的情况中,B、C既相容,小前提肯定(A是B),就得不出否定的结论(A不是C);A可能同时又是C,B、C既已穷尽了讨论问题的可能,则小前提可以否定(A不是B),而结论得出肯定(A是C)。

(4)在相容而不穷尽的情况中,B、C既相容,小前提肯定(A是B),也得不出否定的结论(A不是C);B、C又不穷尽,即B、C外还有D、E、F……所以小前提否定(A不是B),也得不出肯定结论(A是C)。道理都已见于前面,不重复。

从以上分析,可见选言三段论只有在大前提选言肢既不相容而又穷尽时,其推理的两式才都可以运用,而得出必然可靠的结论;在不相容而不穷尽时,只可运用肯定否定式得出必然可靠的结论;在相容而穷尽时,则只可运用否定肯定式得出必然可靠的结论;在相容而不穷尽时,则两式都不可用。反过来看,即运用肯定否定式时,必须选言肢之间有不相容关系,而运用否定肯定式时,则必须选言肢穷尽了讨论的问题之一切可能。

非常明显,选言三段论的推理依据就是大前提选言肢之穷尽与否和相容与否。

选言三段论在我们日常生活或科学研究中是经常运用的,它的两式各有不同的用途,而否定肯定式的认识价值尤其大。

第二节 二难推理（假言选言推理）及其种类与规则

假言选言推理是由一个选言判断和另一些在数目上与选言判断的选言肢相等的假言判断作为前提而组成的推理。

以上两个假言判断和一个有两个选言肢的选言判断为前提的假言选言推理,称作"二难推理"。

在二难推理的组成中,假言判断为其大前提,选言判断为其小前提。其结论或为直言判断,或为选言判断。

二难推理依其结论为直言判断或选言判断而分为简单的二难推理、复杂的二难推理两种(假言选言推理都依这个同一根据划分为简单的和复杂的两种)。

A. 简单的二难推理

这种推理的特点是：或者大前提的前件相同，或者大前提的后件相同，而结论为一个直言判断。它又可分为两种：承认前件的二难推理和否认后件的二难推理；前者又称"构成式"，后者又称"破斥式"。

1. 承认前件的　它的特点是：两个假言判断的前件不同，而后件相同。推理的过程是：选言判断的两个选言肢分别承认大前提的两个前件，从而结论也承认其相同的后件。例子：

在无产阶级革命时代，帝国主义只有两条道路可走：或者是与社会主义和平竞赛，或者是对社会主义国家发动战争；

如果帝国主义国家与社会主义国家和平竞赛，则它最后一定灭亡；

如果帝国主义国家对社会主义国家发动战争，则它就将更快灭亡；

所以，帝国主义国家总归是要灭亡的。

它的公式是：

如果 A 是 B，则 C 是 D，如果 A 是 E，
　则 C 是 D
A 或者是 B，或者是 E

所以，C 是 D

2. 否认后件的　它的特点是：两个假言判断的前件相同而后件不同。其推理过程是：小前提的两个选言肢分别否认两个假言判断的后件，从而结论中也否认其相同的前件。例如：

如果南共领导集团是马克思主义者，则他们就不会美化资本主义，丑化社会主义；

如果南共领导集团是马克思主义者，则他们就不会回避原则性批评并转移论点；

南共领导集团既美化资本主义，丑化社会主义，又回避原则性批评并转移论点；

所以，南共领导集团不是马克思主义者。

它的公式是：

如果 A 是 B，则 C 是 D，如果 A 是 B，则 C 是 E
C 或者（既）不是 D，C 或者（又）不是 E

所以，A 不是 B

B. 复杂的二难推理

这种推理的特点是：两个假言判断的前件和后件都不相同，而结论是一个选言判断，它也可以分为承认前件的和否认后件的两种（即也分为构成式、破斥式两种）。

1. 承认前件的　它的推理过程是：小前提的两个选言肢承认两个假言判断的前件，从而结论承认两个假言判断的后件。例如：

如果你的盾真是物莫能陷的，则你的矛便不是于物无不陷的；

如果你的矛真是于物无不陷的，则你的盾便不是物莫能陷的；

或者承认你的盾是物莫能陷的，或者承认你的矛是于物无不陷的；

而结果，或者你的矛不是于物无不陷的，或者你的盾不是物莫能陷的。

它的公式是：

如果 A 是 B，则 C 是 D，如果 E 是 F，
则 G 是 H
A 是 B 或者 E 是 F

所以，C 是 D 或者 G 是 H

2. 否认后件的　它的推理过程是：选言判断的两个选言肢否认两个假言判断的后件，从而结论否认两个假言判断的前件。例如：

如果他的认识水平高，他就能认出自己的错误，如果他自我批评的精神好，他就会承认自己的错误

他或者认不出自己的错误，或者不承认自己的错误

所以，他或者认识水平不高，
他或者自我批评精神不好

它的公式是：

如果 A 是 B,则 C 是 D,如果 E 是 F,
则 G 是 H
C 不是 D 或者 G 不是 H

所以,A 不是 B 或者 E 不是 F

二难推理实是假言推理和选言推理的结合。要由二难推理得出确实可靠的结论,必须遵守下列的规则：

（一）假言判断（大前提）的前件和后件应当正确地表现理由和推断的关系；（二）选言判断（小前提）中应该穷尽所讨论问题的可能（互相排斥与否的问题,参看前一节）。

像下面的几例就是违背规则,因而是错误的。

1. 如果社会主义是真正不可避免的,则就没有组织社会主义政党来实行革命的必要；

如果必须组织社会主义政党来实行革命,则社会主义就不是真正不可避免的；

或者必须组织社会主义政党来实行革命,或者社会主义是真正不可避免的；

所以,要么是没有组织社会主义政党来实行革命的必要,要么是社会主义并非真正不可避免的。

这是英国资产阶级社会学者卡尔·菲顿在他的《唯物史观》一书中，以二难推理反驳马克思主义的谬论。这一诡辩之所以错误，只从逻辑上看就在于大前提的两个假言判断之前、后件并没有正确地表现理由和推断的关系。因为，事实上社会主义尽管是不可避免的，但组织社会主义政党来实行革命仍属必要；社会主义发展的规律不是人所能根本改变的，但人却能给它一定的影响，使其或快或慢，或好或坏地发展。

2. 如果三角形是直角三角形，则它的三内角之和是180°；

如果三角形是钝角三角形，则它的三内角之和是180°；

三角形或者是直角三角形，或者是钝角三角形；

所以，三角形的三内角之和是180°。

这个推理是错误的，结论并不是必然的。因为三角形还可能是锐角的，即小前提中并没有穷尽所讨论问题的可能。

3. 如果你力求"专"，则你没有明确的政治方向；

如果你力求"红"，则你没有扎实的才学；

你或者力求"专",或者力求"红";

所以,你或者没有明确的政治方向,或者没有扎实的才学。

这个推理的错误则在于小前提选言肢之间是相容的关系,即你完全可能同时求"专"又求"红"。

二难推理在日常思维中,在论辩场合中是常常运用的,它在揭露敌人的困难处境,批判错误观点时具有强大的力量,敌人也常常企图用这一武器来反驳我们,因此,我们除了要能正确掌握这一武器外,还要善于识别其谬误,识别的方法也就是上说的以规律去检验。此外,在这方面还有一个方法,即全面地检查二难推理是否从相同的前提推出相反的结论;如果可以推出相反的结论,则这个二难推理肯定是错误的。

传说中古希腊诡辩家普洛太哥拉斯和他的学生欧斯拉斯打官司的事件,就是这样错误推论中的典型例子。普洛太哥拉斯教欧斯拉斯法律,事先订了合同:欧斯拉斯先付学费的一半,另一半等欧斯拉斯毕业后做律师第一次给人打官司获胜时付清。后来欧斯拉斯毕业后并未执行律师职务,所以他不付给另一半学

费,于是,普洛太哥拉斯向法庭起诉,提出以下的二难推理:

如果欧斯拉斯官司打败了,则照法庭的判决,他应付债;

如果欧斯拉斯官司打胜了,则照原订合同,他应付债;

他的官司或者胜,或者败;

所以,欧斯拉斯总得付债。

欧斯拉斯也提出一个二难推理加以反驳:

如果我的官司打胜了,则照法庭的判决,我不应付债;

如果我的官司打败了,则照原订合同,我不应付债;

我的官司或者胜,或者败;

所以,我总之不应付债。

这两个二难推理前提相同,却得出了相反的结论,他们都是错误的;因为,他们都采用了双重标准。这两个标准对于双方都各有利弊,而彼此都选择了对自己有利的部分,规避了有弊的部分。

第九章 推理——扩充的三段论(略)

第十章 推理——关系推理（从简）

上说间接推理之演绎推理都是以属性判断组织起来的，其目的在于确定对象有无某种属性。

关系推理不同于上说种种推理，它是以关系判断组织起来的，而其目的又在于确定对象间有无某种关系。例如：

灵岩山高于虎丘山；

天平山高于灵岩山；

所以，天平山高于虎丘山。

关系推理是非三段论。

关系推理有自己的推理基础：关系的逻辑特性。

最重要的有如下五种：自返性、对称性、差异性、传递性（积累性）、函项性。

每一种逻辑特性都产生其自己的推理规则。

由于构造的不同，关系推理首先可以分为

直接推理和间接推理。上说的例子是间接推理的例子。直接推理的例子如："三角形 ABC 等于三角形 KDE"，所以"三角形 KDE 等于三角形 ABC"。

属于间接推理的关系推理，可以视其根据的逻辑特性之不同而分为相应的种类。如上举的例子为传递性关系推理。

以前说过，关系判断可以解释为属性判断。在关系推理中有时是可以这样做，而把这个推理看作三段论的，但有时却不可以这样做。可以这样做的例子如：

所有的行星都围绕太阳运转；

水星是行星；

所以，水星围绕太阳运转。

这时它是按三段论第一格组织起来的正确的三段论。不可以这样做的例子如：

所有的行星都围绕太阳运转；

太阳是恒星；

所以，所有的行星都围绕恒星运转。

如果把它——关系判断解释为属性判断，那就不是正确的三段论了，因为，犯了四名词错误。

第十一章　推理——三段论的省略体和复杂体

第一节　省略体

把组成三段论的三个判断在表达时省去一个判断,只留下两个判断,就成为三段论的省略体。

一、直言三段论的省略体

直言三段论可以有省去完整形式的大前提,或者小前提,或者结论的三种省略形式(省略体),此时或谓之"二段论"。

(一)省去大前提的(第一级省略体)　它往往在大前提已为众所周知、不言而喻时用之。如:"我们是马克思主义者,我们要实事求是。"这里省去了众所周知不言而喻的大前提:"马克思主义者都要实事求是。"

(二)省去小前提的(第二级省略体)

(三)省去结论的(第三级省略体)　它常

用在结论明显,不说反而有力时。如:"中国人民都渴望和维护世界和平,我们是中国人民。"这里省去了结论:"我们渴望和维护世界和平。"因其明显,在一定情况下,不说出结论反觉有力。

二、选言三段论的省略体

(一)省去大前提的 如:"我国的工业化要走社会主义道路,所以我国工业化不要走资本主义道路。"省去了大前提:"我国的工业化或者要走社会主义道路,或者要走资本主义道路。"

(二)省去小前提的 如:"角或者是锐角,或者是钝角,或者是直角,所以这个角既非钝角也非直角。"省去了小前提:"这个角是锐角。"

(三)省去结论的 如:"孟子或者吃鱼或者吃熊掌,他不吃鱼。"这里省去了结论:"他吃熊掌。"

三、假言三段论的省略体

(一)省去大前提的 如:"你学习不努力,所以你得不到好的成绩。"这里省去了大前提:"如果你学习不努力,那么你就得不到好的成绩。"

（二）省去结论的 如："如果他复习题还没有做完，他就不去看电影了，现在他复习题还没有做完。"这里省去了结论："现在他不去看电影。"

在假言三段论中，小前提一般不能省略，因为结论主要是根据小前提来确定的。除非小前提确定无疑，才能省略。如上面这个例子省去小前提"现在他复习题还没有做完"，则很难确切断定现在他不去看电影的原因到底是什么：是复习题没有做完还是有别的原因？除非我们此时目睹他复习题没有做完，并且继续在做着，我们才能省略那个小前提。这就是说，省略小前提的假言三段论是很少用的，实际意义不大。

省略体的好处是简明有力，所以日常实际运用中，三段论常是以此形式出现，但也可能掩藏错误。其中，错误可能在于省去的判断是假的，也可能在于推理违反规则。因而，当我们对某个省略体有所怀疑时，就要把它省略的部分填补起来，还原为完整的三段论，以便细加审查。

第二节　复杂体

直言三段论的复杂体计有复合推理、连锁推理和带证式三种。

复合推理是由前一个三段论的结论作为后一个三段论的前提而组成的一连串（两个或两个以上）三段论。如：

$$
\left.\begin{array}{l}
\left.\begin{array}{l}\text{所有哺乳动物都是脊椎动物} \\ \text{所有偶蹄动物都是哺乳动物}\end{array}\right\}(1) \\
\text{所有偶蹄动物都是脊椎动物} \\
\text{牛是偶蹄动物} \\
\text{所以，牛是脊椎动物}
\end{array}\right\}(2)
$$

这个复合推理是由两个三段论构成的，其中前一个称为前引式，后一个称为后继式。

复合推理因前引式的结论为后继式的大前提或小前提之不同，而分为两种。

上例是前引式的结论作为后继式的大前提的，称为前进式。

前引式的结论作为后继式的小前提的，称为后退式。例如：

要想在学习中有收获，
必须经常不懈地刻苦钻研问题。
要能经常不懈地刻苦钻研问题，
必须端正自己的学习态度。 ⎬(1)
因此，要想在学习中有收获，
必须端正自己的学习态度。

要想端正自己的学习态度，
必须提高自己的政治觉悟。 ⎬(2)
因此要想在学习中有收获，
必须提高自己的政治觉悟。

前进式的公式是：

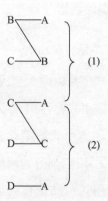

后退式的公式是：

```
    A———B
     ╲ ╱
      ╳
     ╱ ╲
    B———C  } (1)

    A———C
     ╲ ╱
      ╳
     ╱ ╲
    C———D  } (2)

    A———D
```

在这个公式中,每个三段论都是第一格而非第四格,只是大、小前提的排列和一般的排列次序相反而已。

连锁推理是复合推理的省略式,它把复合推理过程中那些由两个前提得出的结论一概省去,而通过一系列的前提直接得出最后一个结论。

与复合推理相应,连锁推理也分为两种:哥克兰尼式和亚里士多德式。前者又称为前进式的连锁推理,后者又称为后退式的连锁推理。

哥克兰尼式,它从第二个三段论起就省掉了大前提。如:

要增加农业生产,必须搞好水利建设;
要改善农民生活,必须增加农业生产;

要发展新中国的农村,必须改善农民生活;

所以,要发展新中国的农村必须搞好水利建设。

在这个连锁推理中省去了第一个三段论的结论,也即第二个三段论的大前提:"所以,要改善农民生活必须搞好水利建设。"

亚里士多德式,它从第二个三段论起就省掉小前提。如:

水蜜桃是桃;

桃是蔷薇科植物;

蔷薇科植物是双子叶植物;

所以,水蜜桃是双子叶植物。

这个连锁推理中省去了第一个三段论的结论,也即第二个三段论的小前提。这个省去了小前提:"水蜜桃是蔷薇科植物。"

哥克兰尼式的公式是:

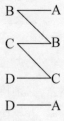

它的规则有二:(1)第一个前提可以是否定的,其余均须肯定;(2)最后一个前提可以是特称的,其余均须全称。

可以看出,哥克兰尼式是若干第一格三段论的复合体之省略形式,所以它服从第一格的规则。它只有第一个前提为大前提,其余都是小前提(此前提省略了)。按第一格规则,第一个前提不能是特称的,但可以是否定的(E);其他前提既然都是小前提,当然不能否定,而均须肯定。但除了最后一个前提外,其余都不能是I,因为假如是I的话,结论也是特称的。而这个特称结论便是下一个三段论的大前提,这就违反了第一格的规则。因此,不能是特称的。至于最后一个前提则可以是特称的,因为它所得的特称结论已是最后的结论,不再作为前提了。

亚里士多德式的公式是:

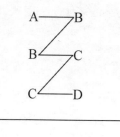

它的规则有二:(1)第一个前提可以是特称的,其余均须全称;(2)最后一个前提可以是否定的,其余均须肯定。

亚里士多德式也是若干第一格三段论的复合体之省略形式,所以,它也应服从第一格的规则。它的第一个前提是唯一的小前提,其他前提都是大前提。在第一格中,大前提都应是全称的,小前提都应是肯定的,自然可以是I。

这一式的其他小前提都是未明白表示的三段论的结论。如果除最后一个,其他某一个三段论的大前提是否定的,则这一个三段论必然得出否定结论。这个否定结论又作为次一个三段论的小前提,但小前提只能是肯定的。这就违反了规则,是不允许的。至于最后一个可以是否定的,则因为它所得的结论已是最后的结论,不再作为小前提了。

带证式是至少有一个前提为省略推理的复杂推理。

根据一个还是两个前提为省略的推理,带证式分为两种:一个前提为省略推理的带证式,两个前提为省略推理的带证式。

一个前提为省略推理的带证式,如:

凡鲸目动物是哺乳动物,因为它们是用乳哺育幼体的;

江豚是鲸目动物;

所以,江豚是哺乳动物。

这个带证式的大前提是一个省略推理。这个省略推理可以还原为:

"凡用乳哺育幼体的是哺乳动物,鲸目动物是用乳哺育幼体的,所以鲸目动物是哺乳动物。"公式可书写成:

$$A 是 P;$$
$$M 是 A;$$
$$\text{所以 } M 是 P。$$

因此,这种带证式的公式是:

$$M 是 P, 因为 M 是 A;$$
$$S 是 M;$$
$$\text{所以 } S 是 P。$$

两个前提都是省略推理的带证式,如:

奇蹄动物〖M〗都是有比较发达的盲肠的〖P〗,因为奇蹄动物〖M〗都是食植物性食物的〖A〗;

马〖S〗是奇蹄动物〖M〗,

因为它〖S〗的蹄是奇数的〖B〗;

所以,马是有比较发达的盲肠的动物。

这个带证式的大、小前提都是省略推理，它们可以还原为："凡食植物性食物的动物都是有比较发达的盲肠的，奇蹄动物都是食植物性食物的；所以，奇蹄动物都是有比较发达的盲肠的"和"凡蹄数为奇数的动物都是奇蹄动物；马是奇蹄的，所以马是奇蹄动物"。公式可分别写成：

$$A 是 P;$$
$$M 是 A;$$
$$所以 M 是 P。$$

$$B 是 M;$$
$$S 是 B;$$
$$所以 S 是 M。$$

因此,这种带证式的公式是：
$$M 是 P，因为 M 是 A;$$
$$S 是 M，因为 S 是 B;$$
$$所以，S 是 P。$$

由纯粹假言三段论也能组成复合推理、连锁推理。今示略如下：

复合推理的如：

如果全世界爱好和平的人民团结起来为持久和平而斗争，那么，第三次世界大战就可以避免；

如果第三次世界大战可以避免，那么社会主义阵营和帝国主义阵营就可以长期进行和平竞赛；

因此，如果全世界爱好和平的人民团结起来为持久和平而斗争，社会主义阵营和帝国主义阵营就可以长期进行和平竞赛；

如果社会主义阵营和帝国主义阵营可以长期进行和平竞赛，帝国主义就将在竞赛中逐渐落后并通过本国人民的革命斗争而死亡；

因此，如果全世界爱好和平的人民团结起来为持久和平而斗争，帝国主义就将在和平竞赛中逐渐落后并通过本国人民的革命斗争而死亡。

它的公式是：

如果 A 是 B，则 C 是 D；
如果 C 是 D，则 E 是 F；
所以，如果 A 是 B，则 E 是 F；
如果 E 是 F，则 G 是 H；
所以，如果 A 是 B，则 G 是 H。

连锁推理的，如略去上例写在中间的结论就是。它的公式是：

如果 A 是 B,则 C 是 D;
如果 C 是 D,则 E 是 F;
如果 E 是 F,则 G 是 H;
所以,如果 A 是 B,则 G 是 H。

复杂推理在认识、表述复杂的客观事物时,每每用到。不过因为它比较复杂,使用时就必须谨慎,否则容易犯错误。

第十二章 推理——归纳推理

第一节 什么是归纳推理？
它和演绎推理的同异与联系

归纳推理(又称归纳法)是一种间接推理，在这个推理过程中，我们的思维过程由个别、特殊导向一般。

在实践过程中，人们总是首先和个别、特殊的事物相接触，从而在认识上也总是首先认识个别、特殊的事物，等到对个别、特殊事物的认识积累到一定程度，然后才能进一步在此基础上概括出关于这些个别、特殊事物的一般性的知识。

我们必须一篇篇地阅读研究白居易的《秦中吟》，才能获得关于它的一般的知识。

《议婚》是有所为而作的；

《重赋》是有所为而作的；

《伤宅》是有所为而作的；

《伤友》是有所为而作的；

《不致仕》是有所为而作的；

《立碑》是有所为而作的；

《轻肥》是有所为而作的；

《五弦》是有所为而作的；

《歌舞》是有所为而作的；.

《买花》是有所为而作的；

从《议婚》到《买花》共十篇，是白居易《秦中吟》组诗的全部，所以白氏《秦中吟》是有所为而作的。

这就是归纳推理的一例。又如我们一一地知道了金、银、铜、铁、锡能够传电，于是，我们以此为基础归纳出"一切金属可以传电"这个一般性的知识，这一过程便是归纳推理的又一例。

归纳推理在我们日常生活和科学研究中，在我们认识世界的过程中，有着巨大的意义，起着巨大的作用。

归纳推理和演绎推理，都是人类的思维形式，都是间接推理，这是主要的相同之处。但两者又有许多相异之处，它们的不同处在于：

1. 推理过程中思维进程不同。

2. 演绎推理的结论(知识内容)不超出前提所给定的范围,归纳推理的结论则超出它的前提所给定的范围;前提只是提供得出结论的线索(演绎的结论是从前提中引申而得出,归纳的结论则是在前提的诱导下而得出)。

3. 演绎推理的结论在前提真实、推理正确的情况下,总是真的;归纳推理,纵使前提真、结构正确,其结论也并不总是真的,要确定其真假还有待进行补充的研究(如直接实验、实践,直接把所得结论拿来和科学中已证实无疑的规律、定理对照等等)。

4. 演绎推理的前提有一定数量,如三段论为两个;归纳推理的前提却是多少不定的。

5. 演绎推理(三段论——狭义的)中,两个否定前提、两个特称前提都得不出结论;归纳推理中几个否定、几个特称前提都可以得出结论。

6. 演绎推理中的出发点(大前提)和经验、事实、实验没有直接联系;归纳推理中的出发点(前提)则和经验、事实、实验具有直接联系。

归纳推理和演绎推理虽有如上所说不少

相异之外,它们确实是不能截然分割而相互补充的、联系着的。归纳推理所得的结论,上面已经说过,是有或然性的,因而它们都有待演绎推理来加以证明;演绎推理的出发点(大前提)是一般原理,这一般的原理便有待归纳推理来提供。此外,有的归纳推理本身也是渗透着演绎推理的成分的(所以,甚至有的逻辑学家说归纳推理并非独立的推理)。

在形式逻辑中只研究归纳推理的种类结构,其他问题则不加研究。

第二节 观察与实验(略)

第三节 归纳推理的种类

归纳推理根据是否研究了所有对象而分为完全归纳法和不完全归纳法;不完全归纳法又根据是否找出了客观事物的原因而分为简易归纳法(简单枚举归纳法)和科学归纳法两种。

其中,科学归纳法是归纳法最重要的、基本的形式。

以下我们逐次研究这些不同的归纳法。

（1）完全归纳法

完全归纳法是一种归纳推理，它基于研究一类对象中的每一个别对象，而对该类对象做出一般性的结论。如前举分别研究了组成白氏《秦中吟》的十篇作品，而得出关于组诗《秦中吟》的一般的结论就是完全归纳法。它的公式是：

$S1$ 有（或无）P

$S2$ 有（或无）P

$S3$ 有（或无）P

……

Sn 有（或无）P

（$S1$ 到 Sn 是 A 类所有的对象）

所以，A 类对象有（或无）P

在完全归纳法中，考察了 A 类的每一个对象，证明 P 属性是 A 类对象的共性，为该类每一个对象所具有，因而也就是 A 类个别对象所属的类的属性。这个结论是可靠的。因为，完全归纳法的结论是可靠的，在科学思维中，在一些最严格证明的场合，通常都使用完全归纳法。

如果通过完全归纳法而得到的是错误的

结论,那么,其错误可能发生于下列两种情形。

(a)前提虚假,与事实不符;(b)对于该类事物数量的知识不确实,调查得不完备。

完全归纳法结论中的主词是普遍概念。与此联系,完全归纳法在应用中就有其局限性,即它只有在被考察的那类对象的数量是有限的,而且不太多的情况下才能用,否则它就不能应用。

完全归纳法在认识上使人的认识由局部性的知识上升为普遍性的知识,这种普遍性的知识是有关个别对象的局部性知识中所不曾包含的(客观上,一般在个别、特殊之中,但并不等于认识了个别、特殊就认识了一般;对个别、特殊的局限性认识上升为对一类的一般性认识,是要经过思维的加工改造才能获得的)。因此,完全归纳法的结论,在认识上是前进了一步的。不过,因为它只提供了某类对象有或无某种属性的知识,而对所以有或无的原因并不了解,即所得的知识还停留在"知其然而不知其所以然"的阶段,所以,前进的这一步也是有限的。这就是说,此时所得的结论只是个实验判断,尚非必然判断。

(2)不完全归纳法

不完全归纳法是一种归纳推理,它基于研

究一类对象中的一部分对象而对该类对象作出一般性的结论。前面说过,它又分为两种。

A. 简易归纳法。 它根据某一属性在一部分同类对象中不断重复,而且没有遇到与之矛盾的情况,从而对该类全部对象作出一般性的结论,如前举"一切金属可以传电"之例。在这样的情况下就是:我们首先遇到了金,发现它可以传电(有传电的属性),又遇到了银,也发现它可以传电,以后又遇到了铜、铁、锡,亦复如此,而且从未发现它不可以传电(即有不可传电——绝缘的属性),我们知道金、银、铜、铁、锡同属金属,于是我们得出"一切金属可以传电"的关于全部金属的普遍性的结论。它的公式是:

$$S_1 \text{ 有(或无)} P$$
$$S_2 \text{ 有(或无)} P$$
$$S_3 \text{ 有(或无)} P$$
$$\cdots\cdots$$
$$S_n \text{ 有(或无)} P$$

(S_1 到 S_n 是 A 类的部分对象,在归纳过程中,没有遇到与之矛盾的情况)

所以,A 类对象有(或无)P

简易归纳法是根据没有矛盾的情况下一些同类事实的重复,这一重复性说明P是该类(这)部分对象的属性,但P是否也为该类每一对象所有,则尚未确定;仅仅知道在归纳过程中没有发现与该事实相矛盾的情况。这正是简易归纳法最主要的根据,它对于推出一般性结论乃是完全必要的。因为,假定有某种矛盾情况出现,就不可能作出一般性的结论。如果"所有S是P"成立,那么"没有一个S不是P"也成立,倘若发现有一个S不是P,则"所有S是P"必然不成立。没有遇到与之相矛盾的情况,这个根据对于推出一般性结论虽属必要,但道理却不充分;部分有,未必全部有,即今天的全部有之,也不能肯定说今后不会发现与这一事实相矛盾的情况。由于根据不充分,所以简易归纳法的结论是带有或然性的,是一个或然判断。这个结论还有待检验,也许得到了证实,最后成立;也许由于相矛盾的事实出现,最后推翻。

要提高简易归纳法结论的或然性,必须增加对某类对象考察的数量,同时也要寻索反面事例,从反面考验其或然性可靠的程度。

简易归纳法在认识上的意义也不能过于看低,日常生活中我们经常运用它。民间总结了许多宝贵经验的谚语,如"有钱难买五月旱,六月下雨吃饱饭","月晕而风,础润而雨",都是用这种方法获得的。即使在科学研究的开始阶段中,我们也常要运用它。因为对于对象并不是轻易就能找到概括它的充分根据,常需要作出初步概括。这种概括的结果即使不可靠,也可以作为进一步研究的出发点,给进一步研究提供方向。

B. 科学归纳法。 它根据对于某类对象必然联系的分析,推出有关该类事物的一般性结论。

例如:加热某些金属就产生体积膨胀的现象。金属体积膨胀的原因何在呢?它与加热于金属这一现象是否有必然联系呢?后来人们认识到:物体体积的大小取决于该物体分子之间的距离的大小,而加热于金属时,就会引起金属分子间的凝聚力减弱,相应的分子之间的距离就会增加,这样,金属的体积便发生膨胀现象。当人们认识了这种必然性以后,就可以进行概括,推出结论说:加热于任何金属,其体积都会发生膨胀。

又如前举一切金属可以传电的例子,当人们了解了金属传电的必然性,也即了解了金属传电的原因以后,便也就成了科学归纳。

它的公式是：

S1 有（或无）P

S2 有（或无）P

S3 有（或无）P

……

Sn 有（或无）P

（S1 到 Sn 是 A 类部分对象，S 之间有或无 P，是由 R 制约着它）

所以，A 类对象有（或无）P

科学归纳法的根据是我们对现象间的必然联系的确认，也即对制约着该类对象之必然具有这一属性的原因的确认。认识了这种现象产生的原因，就可以概括到一类，做出一般性的结论。如果我们对现象原因的分析是可靠的，那么，结论也是完全可靠的。通过科学归纳法得出的结论都反映了自然界和社会中的必然性。所以，其结论的形式是全称的必然判断。不用说，它在科学研究中较之其他的归纳法具有更高的价值，也正因此，它便成了归纳法中最主要的基本形式。

正确的科学归纳法是和演绎密切结合的。上说的它的公式可以写成一个三段论第一格

的演绎式,即

R情况的存在制约着P属性的存在;

A类的一切对象中必然有R情况的存在;

所以A类一切对象中必然有P属性存在。

应用于上举第一例,即

分子间凝聚力减弱,分子之间的距离增加,就引起金属体积膨胀;

加热于金属就引起分子凝聚力减弱,分子之间的距离增加;

所以,加热于金属就引起金属体积膨胀。

科学归纳法和简易归纳法的不同之处在于根据不同结论性质不同,已如上说。此外,不同之处还在于:简易归纳法中借以进行概括的事实的数量有重要意义,而科学归纳法中举出的事实的数量则不具决定意义;不多的几件事,只要认识了它的必然性,就可以概括得到正确的、必然的结论。

第四节 确定现象间因果联系的方法

所谓因果联系,指的是原因和结果之间的联系。这一联系就在于客观世界的每一现象都必然是由某一或某一些现象所引起的。

所谓原因,即必然性先于,并且引起另一现象的现象;所谓结果,即必然结果,即必然后于并且为作为原因的现象所引起的现象。例如:加热于液体就是扩大蒸发的原因,蒸发的扩大就是液体加热的结果。

因果联系是客观的、普遍的、必然的联系,它是客观世界规律性的一方面。原因和结果就特定现象来说的。恩格斯说:"原因和结果经常交换位置,在此时此地是结果,在彼时彼地就成了原因,反过来也是如此。"(《反杜林论》人民出版社 1956 版,21 页)原因和结果之间又有其互相作用,原因作用于结果,结果也作用于原因(如我国生产力的发展,决定了国内劳动人民物质福利的增长;而国内劳动人民物质福利的增长,对生产力的发展又给予了良好影响——但不能因此倒果为因)。因果在时间上有因先果后的特点,但并非先于果的都是因,后于因的都是果(如昼夜——时间连续和因果联系必要分清)。

客观世界的因果联系是非常复杂的。它的复杂,表现在因果联系情况上。大致有如下几种方式:

1. 一因一果。如日食月食、昼或夜、一年四季的交替、痢疾或霍乱等现象,永远都是由它们各自的唯一的原因引起的。

2. 数因一果。a. 如液体的蒸发,可以由于升高液体温度引起,也可以由于降低对液体的压力引起。此时几种不同的原因可以分别引起一个共同的结果。b. 如一个学生本期的成绩很坏,可以是专业思想没有树立,又同时因病脱课很久共同形成的;又如太阳光谱诸色合在一起,引起我们的白色的感觉。这时几种不同的原因共同引起一个结果。

3. 一因多果。如某人被分配到农村去工作,这一个原因就会引起如下的结果:离开城市,完成新的工作任务,习惯农村生活,等等。

此外,它的复杂还表现在其他方面,如远因近因、表面原因、深刻原因,等等。

认识因果联系更是一个复杂多端的过程。除极简单的场合外,这一过程都需要有较长的时间和极复杂的科学研究。

形式逻辑并非研究确定现象因果联系的整个过程,更非研究因果联系,它只是研究这个过程已经进行到相当程度,最后确定现象因果联系的几种逻辑方法,即求同法、求异法、共变法、剩余法。这几种方法都是极简单的,基本上只适用于一因一果的情况。

形式逻辑研究这几种方法,主要为的是正确掌握运用科学归纳法,这些方法本身也是归纳推理。

1. 求同法。 求同法是一种确定现象原因的方法,即某被研究的现象在不同的场合出现,而在各个场合中,只有一个条件是共同的,则此条件是该现象的原因。对研究若干学生成绩好的原因,这些学生的许多具体条件不同,如他们的年龄不同、个性不同、籍贯不同、资质不同、毕业学校不同,而只有政治觉悟高又努力用功这一点相同,于是我们就断定这个共同的条件是使他们成绩好的原因,或至少这个共同点是成绩好的部分原因,因为也可能还有别的原因。它的公式是:

场合	具体情况(条件)	被研究的现象
1	A B C	a
2	A D E	a
3	A F G	a

所以,A 是 a 的原因(或部分原因)

2. 求异法。 求异法是一种确定现象原因的方法,即某被研究的现象在第一个场合出现,在第二个场合不出现,而此二场合只有一个条件不同,则此条件是该现象的原因或部分原因。如:研究空气能够传声,拿一架钟,摆在一个玻璃罩里一个弹性极大的钟座上,这时我们除了看见钟摆的摆动,还可听到它的声音。这是第一个场合。随后,我们把玻璃罩里的空气抽去,这时就只能见到钟摆动而听不到它的声音了。这是第二个场合。两个场合的不同在于一个有空气,一个无空气。因此我们断定空气的存在是声音得以传播的原因。它的公式是:

场合	具体情况	被研究的现象
1	ABC	a
2	BC	—

所以,A 是 a 的原因或部分原因

3. 共变法。 共变法是一种确定现象原因的方法,即如果某现象的变化引起被研究现象的变化,则此现象便是被研究现象的原因。如:温度改变,各种物体的体积就改变。这时我们就可以确定温度的改变是物体体积改变的原因。又如:任何人只要政治觉悟提高了,他的工作、学习积极性就会提高,因此,前者是

后者的原因。它的公式是:

具体情况	被研究的现象
A1	a1
A2	a2

所以,A 是 a 的原因

如果能够确定被研究现象的出现只是由于某一情况的出现,那么,共变法的结论是可靠的,否则也是带有或然性的。

4. 剩余法。 剩余法是一种确定现象原因的方法,即已知被研究的某一复杂现象是由另一复杂原因引起的,把其中确认为因果的部分减去,则所余部分亦必然互为因果。如:天文学家在观察天王星时,曾发现这个行星在他们已计算出来的轨道上发生各种偏斜(a、b、c、d),接着还判明了其他已知的行星(A、B、C)的吸力影响是天王星在已计算出的轨道上产生某种偏斜的原因,即偏斜率 a、b、c 的原因。但此时偏斜率 d 的原因不明,因此天文学家得出结论说,一定还有一个行星 D;有了这个行星 D 就能说明偏斜率 d。由于知道了偏斜率 d,天文学家勒未累(法)就确定了这个未知的行星的位置。后来不久果然发现了一颗新行星海王星。它的公式是：

　　已知被研究现象 E(a、b、c、d)

　　其复杂原因是 F(A、B、C、D)

已知：

　　　A 是 a 的原因

　　　B 是 b 的原因

　　　C 是 c 的原因

　　所以，D 是 d 的原因（或部分原因）

这四种方法往往不是单独使用，而是联合使用，互相补充的。如洛蒙诺夫研究冷热原因时，观察了物体所含热量随它所受影响（摩擦、打击等等）而增减的许多情形。这运用的是共变法。此后又用求同法把物体所含的热量增加的种种情形排列起来，结果发现了这一切情形的唯一共同点是运动。接着他又比较了增热和减热的情形，即他又用了求异法。最后，他探索了各种可能的原因以后，才断定：唯有运动能生热，这用的又是剩余法。

科学研究和日常生活中常运用的上说方法，只是方法，是探究现象原因的工具；如果我们对于要研究的现象没有相当的、具体的知识，则纵有这个工具也是无济于事的。所以，研究现象间的因果,首先需要有关于这些现象的具体知识,有了这些知识,我们才能运用这些方法。

第五节　归纳过程中容易犯的逻辑错误

1. "以先后为因果"的逻辑错误。　原因和结果在时间上因先果后,但并非所有时间上先后相继的都有因果关系。说已见前。把原因关系简单地混同于时间先后的关系就犯了这一逻辑错误。许多迷信和宗教成见都与这种错误有关。如祈雨和下雨、日食和灾难、彗星的出现和战争的发生,等等。

2. "轻率概括"(急性汇通)的逻辑错误。这是由于不正确地运用不完全归纳法而产生的逻辑错误。在归纳过程中,如果人们只根据极少数的、个别的事实就概括出一般性的结论,而且把这个结论看作无可怀疑的、确实的论断,就犯了这种逻辑错误。如:有一个同学有一次忘记了带笔记本来上课,由此就作出结论说:"这个同学学习一塌糊涂,不可造就。"

第十三章　推理——类比推理

类比推理也叫类推法,它是由两个(类)对象在一些属性上相同,就推出它们在其他属性上也相同的结论的推理形式。

例如我们知道地球和太阳在许多属性上相同:它们都是一个太阳系中的天体,他们都在运动,借光谱分析知道地球上有的化学元素太阳上也有,即它们的化学成分相同,等等。而太阳上曾发现一种新元素,这在地球上还没有发现。这种元素叫作氦。于是科学家曾按类推法做了一个假定的结论:在地球上也有这种元素。后来不久这个结论被证实了,即地球上确也有氦存在。又如我们看到了一个森林内有许多菌类,现在我们来到另一个森林内,发现这两个森林有许多属性相同:同样茂盛,同样湿热等等。于是我们便推出了这个森林里也能有许多菌类。它的公式是:

A 有属性 a、b、c、d
B 有属性 a、b、c

所以，B 有属性 d

类推和比较不同。比较仅就两个(类)对象相同(或相异)之处加以对比，而类推则是以两个(类)对象的某些相同之处为根据，进一步推知两个(类)对象的另一些属性也相同。类推过程离不开比较，但比较并非即是类推。如对甲、乙两个学生进行比较：甲很认真听课和复习，乙也很认真听课和复习；甲肯独立钻研问题，乙也肯独立钻研问题；甲很虚心，尊重老师、同学，乙也很虚心，尊重老师、同学……这只是比较；假如我们根据这种比较进一步推断：既然甲、乙有这么多相同之处，甲在本学期考试中获得了优良的成绩，那么，乙在本学期考试中也会获得优良的成绩。这就是类推了。[1]

类推的根据是：如果两个(类)对象在一些属性方面相同，那么它们可能在另外一些属性方面也相同，可以看出这个根据本身就是具有或然性的。因此，类推的结论也只是具有或然性的。

类比推理结论或然性之大小取决于下面

[1] "我们的痛疽是它们的宝贝，那么，它们的敌人就是我们的朋友了。"此例亦为类比推理，乃就两对象相异处加以抽象比较而推出别一相异处。("在此方面互相水火，那么，在这方面也互相水火了。")

三个条件：

1. 相类比的对象相同属性愈多，相同本质属性愈多，则结论可靠程度也就愈大。[2]

2. 已知相同属性和推知的相同属性间有密切的联系，即如果能证明 A 对象中 a、b、c 三属性的存在决定 d 之存在，也即证明 a、b、c、d 之共存不是偶然的而是必然的，则此时结论（B 有 a、b、c、d）是必然的、完全可靠的。

3. 如果在 B 中发现某一新属性与结论中的 d 不能并存，那么，A、B 无论相同属性有多么多，结论（B 有 d）总是错的。

在日常生活和科学研究中，类比推理被广泛地运用。

在类比过程中，必须注意反对机械的类比，机械的类比即采取对象间的偶然相似的属性或实质不同的属性等来作为根据的类比。

[2] 有时一个也可，如"我们的痈疽……"（此在二都水火时，无第三条路时，确然。）

第十四章 假　设

第一节　什么是假设？　形式逻辑如何研究假设[1]

在日常生活或科学研究中，往往需要提出一定的假设来说明或解释某一事实。

假设不是虚无缥缈的幻想。

在科学中假设是科学理论发展的形态。

形式逻辑里所说的假设一语，有两种意义。一指的是用来说明某一现象，但还没有得到充分的实践经验验证过的理由；二指的是一个复杂的思维过程。这个思维过程从构成上说，是从假设到建立科学理论。

本章基本上是从第二种理解上来研究假设。它研究的是这一思维过程中最一般的问题。如它的结构、形成假设时主要应用哪种推理？在检证假设过程中，演绎推理和实践（实验）起什么作用，应该注意些什么问题以避免

[1]《十万个为什么6》P15—17。"为什么地球上海洋多陆地少？"

明万历江盈科《雪涛小说》记一市人拾一卵，计十年后成巨富事。他的计划完全是出于一种假设。每一步骤都以前一个假设的结果为前提。

[2] 资学奇多，以假设为前提进行演绎推理，进行许多推论，构成某种学说，自成一家。

（点校者注：参考：《燕山夜话》马南邨："他们常常根据一点零星片断的材料和感想，就武

逻辑错误?等等。

第二节 假设的两个阶段

假设这一复杂的思维过程可以分为两个基本阶段,即假设的提出阶段和假设的验证阶段。

1. **假设的提出** 任何假设都是针对某些待说明的事实,根据一些事实或理论所提出的。例如德谟克利特(公元前约460—370年)对于许多当时不解的事实(如为什么隔着一定距离我们还可以嗅到花或者其他有香味物体的香味?为什么加热于水,它就会蒸发?为什么压缩某些物体——如气体,其体积就会缩小?等等)。根据对于沙这种由机械微粒组成的物体和这些微粒之间的相互作用之观察、研究,就提出了"一切物体都是由原子构成,即由为空间隔开的、最小的不能再加分割的微粒组成的"这一假设。

在提出假设这一过程中,类比推理起着很大的作用。如上说的例子,德谟克利特就是由一个典型的类比推理得出那一假设的;沙堆有时也会有些细小的微粒飞散出来,沙堆也能因受到压缩减小其体积,而沙堆是由为空间隔开

断地作出某种假设,然后再用演绎的方法,进行许多推论,从而构成某种学说,于是就自成一家。")

的、最小的不能再加分割的(当时是这样看法)微粒组成的。因此,一切物体也是由为空间隔开的、最小的不能再加分割的微粒组成的(德谟克利特称这种微粒为"原子")。

类比推理所得的结论是或然的,因此,这一假设还需要加以验证。

2. 假设的验证　假设的验证可分为两个步骤。A. 对假设进行逻辑的推演,即根据逻辑规则、规律,由假设(暂时假定它是真的)推求出一系列结论;B. 把所得到的这一系列结论一一拿来和实践(实验)中获得的新结果相对照。如果对照的结果,所得结论与那些结果不符,则这假设便是不正确的;如果结论与那些结果全部一致,则这假设的成立就有较大的可能性;如果结论不仅与已有的结果全部一致,而且还能预见未来的结果(事实现象),这时,这一假设便被证实,在科学上,它就上升为科学定律、科学理论。

例如:上说的假说提出后,就曾暂时以它为真推出了一系列结论,其后,这些结论便都为实践所证实。如曾有过这样一个结论:如果这一假设是真的,那么,对液体施加大的压力,组成液体的微粒就会通过容器渗透出来。于是加以实验。实验已经证实了这一结论：把矿物油装进钢制的厚容器里，施加几千个大气压力，矿物油就穿过容器壁渗透出来。

（上举德谟克利特的这一假说，在成为科学理论以前曾有很大改变，不具。）

在这一过程的第一步骤中，演绎推理起着重大作用，从暂定为真的假设推求出一系列结论来，就是运用演绎推理的过程。不用说，在其第二步骤中实践（实验）则是起着重大作用的。

这样，要能提出科学的假设，并且有效地加以验证，必须具备三个条件：

1. 提出假设必须有一定的根据：已有的经验、知识（前人的理论）和新观察到的有限事实。

2. 熟练地运用类比和演绎的方法。[3]

3. 严格遵守假设反复验证的标准：由假设引申出来的结论；一方面要能解释已知的全部事实，另一方面能够预见新的事实。

[3]毛主席著作是熟练自如地运用逻辑工具的良好典范。

甲、用最鲜明生动的逻辑立论，表达最彻底的革命精神（确定性是逻辑思维的根本特征；深刻明确的概念精审恰当的判断；尖锐地提出问题，直接明快地指陈真理）。

乙、《毛著》深刻地科学地论证真理，使真理为千百万群众掌握（逻辑是表述真理和论证真理的工具；有血有肉的材料、有条有理的分析，环环紧扣，繁简精当，无懈可击；剥笋锤钉那样步步深入；自然灵活的思想过渡，如实反映真理的内在联系；设问陈疑，树立对立面，使论点全面充分展开；巧喻善导，用群众的亲身经验教育群众）。

丙、尖锐泼辣地破除谬误，横扫诡辩，使敌人的政治欺骗无法得逞（分清两类谬误，对自己的同志耐心帮助;辛辣尖锐,长自己志气,灭敌人威风;揭露敌人逻辑矛盾常是批驳的起点;澄清混乱,戳穿敌人妄图偷天换日的鬼蜮伎俩;穷根究底,陷敌人于"两难"的窘境;设假为真,引出谬误,使人人共见反动派的"逻辑"和常识为敌)。

第三节 应注意的几点

1. 假设能够成功地解释所观察到的事实,还不是假设的真实性的可靠保证。因为推断的真实性不能保证理由的真实性。同一推断可以由不同的理由引申出来,如室内电灯突然灭了,可以由于保险丝断了,也可以由于供电所停电,以及其他理由。

2. 某一假设无论它能说明多少事实,一旦发现有一个事实与它的结论不符,则这个假设便被怀疑;进一步研究的结果,或者是修改,或者是推翻这一假设。因为在推理合乎逻辑的条件下,如果结论是假的,则前提至少有一个是假的。

3. 一个科学假设往往是和其他科学理论一起才推出某一结论的。因此当结论假时,并不一定证明假设是假的,也可能伴同它的其中理论是假的,在验证假设时必须注意这种情况。

4. 一个良好的假设应该具备下列逻辑条件:a. 相容性(或无矛盾性):假设不应与当前已有的、确实可靠的科学知识总体相矛盾;

b. 完备性：假设所解释的不应是曾加解释的事实的一部分，而是它的全部；c. 可推演性：对这个假设可以应用演绎推理。这样，从这个假设推出的结果可以通过实践（实验）来证实。

第十五章 证 明

第一节 什么是证明？形式逻辑如何研究证明[1]

[1] 牛顿曾认为地球只有六千岁多一点（实际上较科学的说法是 50～70 亿年），他是根据《圣经》来推算的。

证明是利用其他已知为真的判断来确定某一判断的真实性的思维形式。

例如：水有弹性，因为水是液体，而一切液体都有弹性。又如："民族资产阶级之所以不能充当革命的领导者和之所以不应当在国家政权中占主要地位，是因为民族资产阶级的社会经济地位规定了他们的软弱性，他们缺乏远见，缺乏足够的勇气，并且有不少人害怕民众。"(《毛泽东选集》第四卷，1960 第一版，第 11484 页）这是证明。第一个例子我们引用"水是液体"、"一切液体有弹性"这两个已知的真的判断来确定"水有弹性"这一判断之真实性。第二例中，毛主席引用"民族资产阶级的社会经济地位规定了他们的软弱性"等已知为

第十五章 证 明

真的几个判断来确定"民族资产阶级不能充当革命的领导者和不应当在国家政权中占主要地位"这一判断的真实性。[2]

证明不同于推理，虽然它们都是我们认识客观世界的思维形式。它们之不同在于：从思维进程的程序上看，在推理上，思维是从已有的判断中推出一个新判断，是从理由推出推断来；而在证明中则是为某一已有判断的真实性寻找理由，是从已有的真判断来确定某一已有判断的真实性。在这一思维进程程序上的不同，意味着它们存在着更深刻的认识上的不同：在推理——演绎推理中，为了解决特殊场合中的问题，就把这个特殊归到一般之中，从而作出关于这个特殊场合的结论。这说明在得到结论以前，关于特殊场合问题的解决是未知的，推理即在于从已知进于未知。而证明与此不同。在证明中，是先有了关于对象的判断，只是这一判断的真实性不明显，或未被证实；证明就在于从援引已有的真判断来揭示这一判断的具有真实性。这说明证明即在于把真实性不明显的已知转变为真实性明显的已知，即由不确切的、不明显的已知进于确切、明显的已知。

[2]"生产责任制的建立，有利于社员掌握和迅速提高生产技术成为专家。为什么：因为一个人长期管理一项生产，就会了解这项生产的各个方面，掌握这项生产的全部技能。"第一个判断提出看法，第二个判断就是证明那个看法。这是用一般道理证明一个具体的看法，也可以说是对一个看法进行分析，帮助别人去理解。

"任何事物都有从不完善到完善的发展过程。燎原之火是从星星之火发展起来的，等等。"这是用事例来证明一般道理，引起读者联想，更好地去领会这个一般道理。"人不能离开整个社会生活下去，假如能，难道他的一切生活需要都能自己解决吗？"这是一种反证，即不从正面证明人为什么不能离开整个社会，而从反面点破一下。劳动人民证明论点常用的方法是：（一）摆事实的方法；（二）运用统计数字来证明；（三）回忆对比，运用历史事实、经验进行纵的比较，运用不同地区的情况进行横的比较；（四）分析解剖的方法，把大问题分成几个小的看法，一层一层一步步去讲清，分析后再综合。这四种方法，论辩中常用，谓之形象的方法、数学的方法、历史的方法、逻辑的方法。

形象化的类比方法虽然不能直接证明问题，但可以启发人们去想通与它相类似的问题（又可使文字生动，可适当运用）。

证明与推理虽有上说的不同，但它们在实际思维中却是相互渗透、相互作用的；就推理说，除了或然性推论（不完全归纳、类比等）以外，在演绎推理中，从前提推出结论时，同时也就是证实了这一结论的真实性。因此，可说实际推理过程中含有证明的因素。另一方面，就证明说，为某一判断的真实性找到理由，无疑也就是从已经找到的理由中推出该判断为真实的。因此，也可说实际证明过程中，也含有推理的因素。

证明的根据，说到最后是客观事物现象及其间的必然联系。在证明过程中所运用的判断，是有必然联系的，而它们的这种必然联系，则正是客观事物、现象间之必然联系的反映。

在日常生活和科学研究中，提出任何判断，原则上都是需要加以证明才能为自己、为别人所信服。但也有无须证明的时候，如谈的是公理——这种已为人类亿万次在实践中证实了的事物最简单的关系之反映，便无须再去证明。此外，为感官直接知觉的许多事实，如"白天黑夜相继出现"、"太阳从东方升起"等等，也是无须证明的。

形式逻辑又研究证明这种思维形式的结构、种类及规则等一般的问题；需要加以证明的、判断的内容在各种科学中是不同的，形式逻辑则撇开了它，不予研究。

第二节　证明的结构[3]

任何证明都是由三个组成部分结构起来的，这三个部分即论题、论据、论证。

1. 论题　论题就是需要确定其真实性的判断。〖即论点〗

明确的论题表明思维的目的性，打算解决什么问题，提出什么主张，这里的问题和主张就是论题的主要内容。(在语文教学中，论题通常称作"论点")。上举的例子中，"水有弹性"、"民族资产阶级不能充当革命的领导者和不应当在国家政权中占主要地位"就是各该证明的论题。

2. 论据　论据是引用来作为确定论题之真实性的理由的那些判断。如上举例子中的"水是液体"、"一切液体有弹性"这两个判断；"民族资产阶级的社会经济地位规定了他们的软弱性……"这几个判断便是各该证明的

[3]问题不就是论题(问题含着一定的论题，但非论题本身……)

论据。[4]

要解决某一问题或提出某一主张,不能没有充分的理由(根据),没有充分的理由(根据),不管是文章或报告,谈起来听起来都令人感到没有说服力。可以作为论据的判断大致有下面几类:

a. 关于已经证实的事实的判断。这是一种非常重要的论据。如《友邦惊诧论》中所举出的国民党反动派与帝国主义勾结,屠杀、污蔑爱国学生的已经证实的事实。列宁说过:"如果从事实的全部总和,从事实的联系去掌握事实,那么,事实不仅是'胜于雄辩的东西',而且是证据确凿的东西。"(《列宁全集》第23卷,人民出版社,第279页)这就是说,只有这样来掌握的事实,才具有论据的价值。应该说,不仅事实本身,而且事实所体现的观点、规律,它们的总和才是有力的。如上说此文中,鲁迅先生所举事实体现了中国工人阶级的观点,体现了反动统治的本质及其对人民、对帝国主义的必然性,因而才是那样无比犀利的。

b. 科学概念的定义。无论在自然科学、社会科学中,科学的定义都是反映客观事物的本质或规律性的,因而可以作为证明的根据,作

[4] 论文中的形象,打比喻、举事例、讲故事、刻画形象,适当灵活运用能使议论不太沉闷枯燥而具体生动活泼起来。

论文中的感情,不应是激情或一时冲动,不应是轻扬浮躁的流露,而应是立足在充分理智认识的基础上,含蓄在理性中的深刻的感情。这种感情会帮助议论的鲜明、尖锐和深刻的,增强论文艺术性。

为论据。

c. 公理、原理。它们是经过人类长期实践所验证了的,具有普遍意义。在自然科学中,如"全体大于部分"、"等量加等量其和相等"等;在社会科学中,如"党的领导是社会主义胜利的根本保证"、"要建成社会主义必须有一支忠于工人阶级和劳动人民的知识分子队伍"等。[5]

3. 论证。论证又叫作证明的方法,它是由论据必然得出论题为真这一过程中所用的方法。从逻辑结构方面分析,论题所回答的是"是什么"或"应该怎样"的问题;论据所回答的是"用什么"或"根据什么"的问题;而论证所回答的则是论题和论据之间究竟有怎样的[6]必然联系,通过这样的联系,使人从论据了解并确信论题之必为真。

论证所采用的方法只能是可以从中得出必然结论的推理。归总起来,可以是直接推理、演绎推理和一部分归纳推理。

如 a. 我们要证明"这种植物是绿色植物"可以采用"这种植物不是非绿色植物"来论证。这里我们用的是直接推理之换质法。

如 b. 我们要证明"这种植物是绿色植

[5]从论据上进行反驳——证明敌方所提前提没有根据或根据是错的。从论证上进行反驳——主要是证明出题的论据推不出论题。
直接反驳论题,用事实证明他所提论题是错的。或者将对方论题引申开来,暴露它会引出荒谬结论,或者提出与敌方相反对的新论题,将这个新论题加以充分论证,以便间接证明对方论题之误。
[6]内在本质。

[7]有论点,有论据,这两者间的联系还需要分析交代(论证的作用——是交代出论据为什么能够证明论题的道理,道出我们说"分析问题",往往就是在做这个论证的工作)。

要议而不空。1. 虽没有直接说出具体事实,但一般□句句确有所指,就假了。须懂得这是针对实际的。2. 虽没提出许多实际例子,但句句都应符合于实际情况,讲得活泼。3. 议论符合群众的体会和情绪,不是个人空想出来的。4. 最好是既有议论,又有实际材料,尤其是当前实际材料。有事实证明议论,用事实进行议论,即所谓夹叙夹议,这会使文字更加实际、亲切些。该些材料不只是一些单个例子,还有一种实际情况的概括叙述也是。

物",又可以采用演绎推理作如下的证明:

所有海带都是绿色植物;

这种植物是海带;

所以,这种植物是绿色植物。

这里我们用 AAA 式作为证明的方法(即以 AAA 式来论证的)。

又如 c. 我们要证明"这种植物含有叶绿素",可以这样来证明:

所有海带都是绿色植物;

这种植物是海带;

所以,这种植物是绿色植物。(1)

所有绿色植物都含有叶绿素;

这种植物是绿色植物;

所以,这种植物含有叶绿素。(2)

这里我们用两个如此联系的 AAA 式作为证明的方法(即以两个 AAA 式来论证的)。

(可写成复合推理式连续推理。此处是以复合推理或连锁推理来论证的。)[7]

又如 d. 我们要证明某一为三人组成的学习小组每一组员都在某次考试中及格时,可以这样来证明:

X 在某次考试中得了 65 分

Y 在某次考试中得了 75 分

Z 在某次考试中得了 85 分

（X、Y、Z 是某学习小组全组成员，而 60 分为及格分数）

所以某学习小组的全体组员在某次考试中都是及格的。

这里我们是用的一个完全归纳法来论证论题之真的。

以上所举各例，其论证过程都是很简单的。这种情况在日常生活和科学研究中固然也有，但那里一般是要较此复杂得多，即它们的论证过程，常常是由许多推理组成的长长的一个过程。

同一个论题，其论证方法可以是多种多样的。如同一个几何题（如毕达哥拉斯定理），同一个论点，可以作出各种不同的论证来。所以，证明是一种须以创造性的方法来加以解决的创造性的任务。

第三节 证明的种类

按不同的根据可以作如下的划分：

首先,根据证明的目的划分,可以分为证明某一判断的真实性和证明某一判断的虚假性两种。前者简称为"证明"(或谓之"辩护"),即我们前面所谈到的;后者则称为"反驳"。关于"反驳",我们在下一节专门去谈。

A. 演绎的证明。 演绎的证明就是以包含一般原则的论据来判明论题中关于特殊、个别事项的论断的真实性的证明。这种证明是和演绎推理相适应的。因此,他可以采用演绎推理的各种形式。这样的证明,除前面举出的几例外,又如要证明"他是用功的",可以是"他成绩得了满分,凡成绩得满分的都是用功的,所以他是用功的";可以是"如果他的成绩得了满分,他就是用功的,他的成绩得了满分;所以他是用功的";也可以是"他或是用功的,他或是不用功的;他不是不用功的,所以他是用功的";等等。这里都是以包含一般原则的论据来判明论题中关于特殊、个别事项之论断的真实性的证明,也即都是演绎的证明。

B. 归纳的证明。 归纳的证明就是以包含各种特殊、个别情况的论据来判明表示一般原则的论题的真实性的证明。这种证明和归纳推理相适应。因此,它可以采用归纳推理之可以得出确然、必然结论的几种方法。这样的证明，前面曾举过一个例子。那里的论据便是三个关于个别事实的判断，而论题则是一个概括性的判断。

其次，根据证明的性质，可以分为直接证明和间接证明两种。这是证明中最主要的种类。[8]

[8]正面、反面。

A. 直接证明。　直接证明就是用论据的真实性，直接来判明论题的真实性的证明。前面所举关于证明的例子，除运用选言推理的一个外，都是直接证明的。

B. 间接证明。　间接证明就是以证明与论题相矛盾的判断之错误来判明论题的真实性的证明。

与论题相矛盾的判断叫作反论题。间接证明就是以反论题的错误来判明论题的正确。所谓"间接"就因为论题的真实性是由反论题的错误中引申出来的。其所以可以由反论题的错误中引申出论题的正确，这是因为矛盾判断中，一真另一必假，一假另一必真。

我们在第七章第四节证明三段论第一格的两条规则，第二格的第一条规则，第三格的第一条规则时，便都是用间接证明。

分析起来,间接证明的过程大致是:先假定反论题是真的,然后根据逻辑推理从反论题中推出一系列的推断来。在这些推断中出现了和其他已知为真的判断相矛盾的判断,因而根据假言推理的否定式,反论题必然是假的。再根据矛盾关系,在两个矛盾判断中,一真则一假,一假则一真,因而得出论题的真实性。间接证明的推理过程,从逻辑结构方面分析,大致如下:

【求证】A

【证明】假设 $\bar{A}$ 成立(即非 A 为真)

则如果 $\bar{A}$,则 B、C、D 等(根据逻辑规则和规律,由 $\bar{A}$ 推出一系列推断 B、C、D 等);

但已知 C 是假的;

所以,$\bar{A}$ 是假的;(根据假言推理否定式)

所以,A 是真的。(根据矛盾关系)

例如斯大林证明他说的:"人口的增长不是社会发展中决定力量。"就是这样。

先假定反论题真,即人口的增长是而且是能在社会发展过程中决定社会制度性质,决定社会面貌的主要力量为真。

如是,则有较高的人口密度的国家就必定会产生出相当于它的较高形式的社会制度。

可是,这与事实相矛盾,因为人口密度较高的国家并不总是处在社会发展的更高阶段上。例如:比利时在人口密度上高于苏联26倍,但比利时的社会制度却比苏联落后了一个历史时代。

所以,这一反论题是假的。

这也就是说,论题(斯大林的话)是真的。(根据《列宁问题》莫斯科外国文书籍出版局1949版第787—788页)

这是间接证明的一种,在逻辑上叫作归谬法,在数学中叫作反证法。

间接证明还有运用选言推理的。上举运用选言推理的一种,即是。这种间接证明是只留下选言推理的一个选言肢,而排除其余的选言肢。兹再举一例,如要证明"这个三角形是直角三角形",可以是"三角形只有是直角三角形、锐角三角形、钝角三角形的三个可能;现在这个三角形既不是锐角三角形,也不是钝角三角形,所以它是直角三角形"。

间接证明的应用有一定困难。在间接证明的过程中,不得不暂时离开所讨论的论题。引用许多补充材料,致使全部证明过程复杂化。但是这种证明方法却是常常要运用的。

因为在实际生活中,有时会遇到并无直接证明论题真实性的论据,或者会遇到利用间接证明可以使论证更有力、更明白的场合。

再次,根据证明的出发点,证明可以分为分析证明和综合证明两种。

应用分析证明时,我们从有待解决的问题出发,追溯其所以如此的理由。换言之,即我们从未知到已知,从论题到论据;应用综合法时,恰好相反,我们从已知的科学原理或其他已经确认的理由出发,论证所要解决的问题。换言之,即这时我们从已知到未知,从论据到论题。

如在数学中提出这样的问题:算术平均数和几何平均数之间究竟是什么关系?其解答是:"两个不相等的正数的算术平均数大于它们的几何平均数。"这个答案是否为真,可以采用这两种方法来证明:现在分别列举如下,以资比较:

分别列举如下,以资比较:

【假设】$a>0, b>0, a\neq b$

【求证】$\dfrac{a+b}{2} \sqrt{ab}$

【证明】

综合证明

(1) 已知 $(a-b)^2 > 0$

(2) 即 $a^2 - 2ab + b^2 > 0$

(3) 所以 $a^2 - 2ab + b^2 + 4ab > 4ab$

(4) 即 $a^2 + 2ab + b^2 > 4ab$

(5) 所以 $\dfrac{a^2 + 2ab + b^2}{4} > ab$

(6) 即 $\left(\dfrac{a+b}{2}\right)^2 > ab$

(7) 所以 $\dfrac{a+b}{2} > \sqrt{ab}$

分析证明

(1) 为了证明 $\dfrac{a+b}{2} > \sqrt{ab}$

(2) 只需 $\left(\dfrac{a+b}{2}\right)^2 > ab$

(3) 即 $\dfrac{a^2 + 2ab + b^2}{4} > ab$

(4) 要(3)成立,只需 $a^2 + 2ab + b^2 > 4ab$

(5) 要(4)成立,只需 $a^2 + 2ab + b^2 - 4ab > 0$

(6) 即 $a^2 - 2ab + b^2 > 0$

(7) 即 $(a-b)^2 > 0$

而(7)是正确的,因此证明了 $\dfrac{a+b}{2} > \sqrt{ab}$

从这两种证明过程的比较中,我们看到这两种证明之间的区别:分析证明是由论题到论据,其中各步骤是否成立尚属疑问,一直到最后一步,即(7),我们才知道它们是成立的;综合证明是由论据到论题。这里我们正确地选择了真实性无可怀疑的出发点,并合乎逻辑地推演出一系列真判断,而最后一个判断就是我们要证明的论题。

在科学研究中往往采用分析证明,它比较符合人们在探求真理,解决问题时的思维过程。因为,人们总是从问题出发再进一步找寻它的理由或根据。例如:为了解释一定的事实而提出科学假设时就是这样进行的。但是,一旦研究的成果经过科学的验证,成为科学理论,我们又往往采用综合证明作为论证方法。例如教师系统地传授科学知识,往往从公理、定理、定律出发,证明某一结论是正确的。

第四节 反驳及其方法

反驳就是引用其他已知为真的判断来确定某一判断的虚假性的思维形式(过程)。

反驳的逻辑结构同上说证明的结构,即它

也是由三个部分组成:被反驳的论题、用来反驳的论据和反驳中的论证。

从逻辑方面看,怎样反驳、用什么方法去反驳,这是关于反驳的一个中心问题。下面我们谈几种较常用的方法。

1. 关于论题方面。 要反驳对方的论题,指出它根本不能成立,往往直接引用关于确实事实的判断。这种方法最常用也最有力。所谓"事实胜于雄辩"。如反驳组诗"《秦中吟》不是白居易作的",可以举出它独载于《白氏长庆集》,当时作者好友、诗人元稹所作诗中直接说到等等事实来驳倒这一说法。

除了直接用事实反驳对方虚假的论题以外,往往还采用独立证明与被反驳的论题相对立或相矛盾的新论题之真来驳倒对方的方法。如文艺界中曾有人说"从来文艺的任务就在于暴露"。要反驳这种说法,我们只要独立证明"从来的文艺并不单在于暴露"之真就行。说明如下:

有些文艺是以写光明为主的。例如苏联在社会主义建设时期的文学就是这样。"对于革命的文艺家,暴露的对象只能是侵略者、剥削者、压迫者及其在人民中所遗留的恶劣影响,而不能是人民大众。人民大众也是有缺点的,这些缺点应当用人民内部的批评和自我批评来克服,而进行这种批评和自我批评也是文艺的最重要任务之一。但这不应该说是什么'暴露人民'。"(《毛泽东选集》第三卷第2版,第873页)

又如,1957年莫斯科会议发表了《和平宣言》之后,有人说,共产党和工人党代表会议既然在自己的宣言中号召和平,号召和平共处,为什么又大讲力量对比呢?在他们看来,"既然要争取和平共处,就不必大讲力量对比"。为了反驳这种论调,我们可以独立证明"要争取和平,必须大讲力量对比"。这是和对方的论题相矛盾的,因此证明了这个判断的真实性,也就反驳了对方。证明如下:

或者是争取和平,或者是哀求和平。无数历史经验告诉我们,不能哀求和平,必须争取和平。但是要争取和平,必须有说服力地动员广大群众去迫使帝国主义集团放弃战争计划,而为了有说服力地动员广大群众,就必须使人民对和平事业有充分信心,正是为了这样,我们必须大讲力量对比。

这里我们运用了一个选言推理的否定式

和几个假言推理的肯定式。为便于识别起见,将这个论证及其形式推列如下:

论证	论证所运用的推理形式
或者是争取和平,或者是哀求和平; 无数历史经验告诉我们,不能哀求和平;	或 A,或 B; 非 B
因此,我们必须争取和平。 要争取和平,必须有说服力地动员广大群众去迫使帝国主义集团放弃战争计划; 要有说服力地动员广大群众去迫使帝国主义集团放弃战争计划,就必须使人民对和平事业有充分信心; 要使人民对和平事业有充分信心,就必须大讲力量对比。	所以 A 如果 A,那么 C; 如果 C,那么 D; 如果 D,那么 E。
所以,我们必须大讲力量对比。	所以 E。

第三种反驳论题的方法是归谬法,即由对方的论题导致荒谬的结果,从而证明对方的论题是不能成立的。例子可参看讲"证明"时所举的诸例。

2. 关于论据方面。批判论敌在证明论题时所提出的论据,必须要证明论敌的论据是假的,或是不能成立的。显然,论据不成立时,论题的真实性便受到怀疑,因为在论证过程中,我们依靠论据的真实性,合乎逻辑地推出论题的真实性,这就是说,结论的真实性依靠两个条件来保证:前提(论据)的真实性和推理形式的正确性,缺少其中任何一个条件的证明都是值得怀疑的。例如,有些人不赞成"多快好省"的建设方针,他们认为执行这个方针会在各个生产部门之间、在财政的收入和支出之间,造成不平衡。显然,他们所根据的是:"一切都必须维持平衡。"这种"平衡论"的观点是不符合实际情况的。刘少奇同志在中共八大第二次会议的工作报告中驳斥了这种论据。他说:

"不平衡一定会有的,不实行这个方针,不平衡也会永远存在。因为任何平衡总是暂时的和有条件的,因而是相对的,绝对的平衡是没有的。"(《中国共产党中央委员会向第八届全国代表大会第二次会议的工作报告》人民出版社1958版,第24页)

除了驳斥对方本来错误的论据外,有时也会遇到这种情况,即对方引用来作为论据的判断,其本身是真的,却被他错误地、不加分析地搬用到当前特定的具体场合中。在这种情况下,反驳的任务就是在于详细分析这一个本身是真的判断的真实含义。

还必须注意,论据是论题的理由,论题是

从论据推出来的推断。但是,从理由的假不能推出推断的假,推断本身可能是假的,也可能是真的。因此,如果证实了论据是假的,这并不等于论题就一定是假的。在这种情况下,论题可能是真的,只是在辩护论题时引用了不适当的论据而已。

例如:我们反驳"木星有卫星,因为一切行星都有卫星,而木星是行星"。这时,"一切行星都有卫星"这个论据是假的。我们可以如此来反驳:"金星是行星,金星没有卫星,所以有些行星没有卫星","有些行星没有卫星"是真的,则"一切行星都有卫星"便是假的了,也即反驳倒了对方的论据。可是,这时我们并没有揭示出对方论题是虚假的,在这个场合的对方论题是真实的,天文观测已经证实了这点,即木星确乎是有卫星的;在他的证明中只是引用了不适当的错误论据而已。因此,采用这种反驳方法,反驳的目的不能完全达到。

3. 关于论证方面。证明从论敌所提出的论据不能推出其论题的真实性。这就是说,从论敌所提出的论据推出来的是其他的结论(论题),而不是他所辩护的论题,或者根本就不能推出什么东西,推不出必然结论来。

例如：斯大林曾应用这种方法（而主要是归谬法）去反驳"地理决定论"。地理决定论者的基本理由即地理环境改变了，社会制度也就跟着改变。但这和事实不符，三千年来，欧洲的地理环境没有什么改变，但欧洲的社会已更换了三次（原始共产社会、奴隶社会、封建社会）；东欧部分之苏联则更换了四次。所以，那样的论据并没能证明地理决定论者的论题。

又如：对方说"某些人是共产党员，因为共产党员都是热爱和平的人，而某些人是热爱和平的人"。分析了这个证明就看得出这个论题是可疑的。因为，它是从两个中词都不周延的前提中所得出的。我们指出这个论证方面的错误，也就是从论证方面反驳了对方。不过和2.中的情况一样，此时反驳的目的也未能完全达到：对方论题的真假还是有待研究的问题。因为，事情很可能是这样：论敌的论题与另外一些判断有着必然的联系。可是这种反驳方法并不是反驳论敌的一切可能的论证方式，只是反驳他当前提出的一种方式而已。

所以，从"2."、"3."方面去反驳，还必须进一步从"1."这一方面去反驳才能最后地驳倒论敌的论题。

（按从论题本身的错误或独立论证与论敌的论题相排斥——相矛盾或相反对——的论题之真实性划分,反驳可以分为直接反驳和间接反驳两种。以上所说,除"1."里的第二种之外,其余四种都属直接反驳。）

在一个实际反驳过程中,上说的种种方法往往不是孤立运用的,相反,常常需要结合各种不同的方法去反驳一个论题。

第五节 证明的规则和错误

证明可能正确也可能错误。为了使证明正确,必须遵守一些规则,否则就不免要犯错误。现在我们把这些必须遵守的规则和违背这些规则所犯的错误叙述如下。

1. 关于论题的规则和错误。

A. 论题应当是清楚而确切规定的判断。论题是我们论证的目标,所以要清楚确定才能作出有效的证明。列宁说:"我们要争论问题时,须先明白我们批评的是什么。"这虽是很简单的事,可是人们并非常常注意它。有的同学的习作、有的人的报告,写得很多,也许写的说的都是对的,但却使人摸不到头脑,使人不了解它的基本思想、中心思想何在；有时双方发生了激烈的争论，不可开交，但究其实，他们所争的并不是不同的意见，而是在证明同一论题，不过事先双方都只看到了论题外表上的分歧，并没有看到其实质的一致；有时双方所要证明的论题本来完全相同，两者并不是互相矛盾的，但是由于没有确切规定，竟也发生了不必要的争辩。所有这些就都是由于没有注意遵守这条规则。

B. 论题在整个证明过程中始终应该是同一的。　违反这条规则，就会发生"偷换论题"的逻辑错误。这种错误就是：在证明中证明的不是所要证明的论题；在反驳中反驳的不是那些需要反驳的判断。例如：本来应当证明的一般语言的产生过程，但不去证明它，却去证明某个民族的语言的产生过程。本来应当证明的是"这一艺术作品的艺术性不高"，但没有去证明它，却在证明"其中没有浪漫主义因素"或"它不如作者以往的作品"，等等。有人怀疑斯大林说的会讲话的正常人的思想"只有在语言材料的基础上才能产生；对于会讲话的人，与语言材料没有联系的赤裸裸的思想是不存在的"（《马克思主义与语言学问题》人民出版社

1953年版,第45页),他们说聋哑的人根本没有语言,但是他们却能思想。斯大林明确地指出他们犯了逻辑错误。因为他们所反驳的是另外一个论题:"一切人(包括聋哑的人在内)的思想都只能在语言材料的基础上产生。"所以,斯大林说,他们的错误是把两种不同的东西混为一谈,是用另外一个未被讨论的题目代替了被讨论的题目。所有这些都犯了偷换论题的错误。

有一种偷换论题叫作"证明得太多,等于没有证明"(或"过多的证明")。这时,不去证明论题,却去证明某个往往是虚假的、更有力的断定(假设判断A真,并由判断A得出判断B,但不能由判断B得出判断A。这时判断A就称为比判断B更有力的断定)。例如:本来应当证明的是:"语言与思维不是同一的"(B),但不去证明它,而去证明"语言与思维没有联系"(A)。后者是不能证明的,因为是一个虚假的判定。那么,结果不但没有证明"语言与思维是不同的",而且什么东西也没有证明。

又有一种偷换论题,是以"证明得太少"的方式表现出来。证明得太少,结果所证明的不是原来的论题。例如:一个人证明一块东西是金属,理由是它能传电。这是不够的;能传电,不见得就是金属,石墨也能传电,而石墨并非金属。

还有一种叫作"以人为据"。所谓以人为据,就是本应证明某一论题,却转而去议论、证明提出此论题的人的优点或者缺点。例如:本应谈《莺莺传》的缺点,反将此置而不论,却去攻击作者元稹的不道德,等等。

"以人为据"中,有一种可以叫作"以权威为据",它指的是只限于援引权威的说法,而不去实际论证所提出的论点的一切证明。

在思维过程中,人们之所以犯偷换论题的错误,有两种情形:一种是无意的,往往由于思想认识模糊或证明的过程很复杂,一不留心,陷于此中;另一种则是故意的,这就是诡辩。帝国主义者和站在反动立场的人都常常借这种手法企图来达到他们的卑鄙的目的。

2. 关于论据的规则和错误。

A. 用来证实论题的论据应当是真实的,无可怀疑的。 论据是我们用来证明论题的正确理由,所以它本身应该是正确的、无可怀疑的。如果论据本身有了问题,那么,证明也就有问题;用这样的论据来证明论题是不能令人信服的。

引用虚假的判断作为重要的论据来证明论题,这是重大的逻辑错误,叫作"基本错误"(虚假论据的错误)。例如17世纪化学家史塔尔的燃素说,他认为燃烧是因为燃烧体中包含着一种特殊的物质——燃素,便犯了这个错误。

虽然,论据的虚假并非总意味着论题的虚假,因为理由的假并不就意味着推断的假。可是在证明的场合中,如果论据是假的,那么,论题便总是没有得到证明的、可疑的、可争辩的。因此,证明必须引用真的论据。

违反这条规则的另一种错误,叫作"未被证明的理由"的错误。这种错误在于作为论据的判断是未被证明的。换言之,引用没有检证过的材料或未经判明的事实来证明某一思想就是犯了这种错误。如马尔萨斯证明土地生产率落后于人口的增殖率时,从逻辑方法方面看,就犯了这个错误,因为他的论据似乎"土地的生产率只能按照算术级数增加",在马尔萨斯生存的时代是未被证明的(后来发现它根本是假的)。

B. 论据的真实性,不应当依靠论题来证明。 论题的真实性是由论据推出来的。因此,论据本身的真实性需要由实践检验或由其他已知的真的判断合乎逻辑地推出来,而不能用论题来证明,否则就犯了"证明的循环"、"恶性循环"的逻辑错误。例如:一个人证明"地球是圆的"时,他说地球是圆的可以从这样的事实得到证明:我们站在高处看海中的帆船驶来,总是先见船桅,后见船身;为什么会有这种情形呢?就因为地球是圆的。又如莫里哀《假病人》中一位医生回答为什么鸦片烟能够催眠这个问题时,他说:"鸦片烟之所以能催眠,是因为它有催眠的力量。"那么鸦片烟何以有催眠的力量呢?回答是:"因为它能催眠。"

3. 关于论证的规则和错误

A. 论据应当是论题的充足理由。 不是任何真实的论据都可以作为论题的根据,因为论据和论题之间必须有必然的逻辑联系。常有这样的情形,虽然论据真实可靠,但是从这些论据却不能证明所提出的论题。这时就陷入了一种逻辑错误,它叫作"推不出"。例如:有人认为苏轼、苏辙在文学上颇有成就,是因为他们的父亲苏洵在文学上有成就;又如一个同学学习不安心,说是现在离放假没有几周了。这里他们提出来的理由,即使也是理由,却不是充足的理由;因为作为论据,它们和论题并没有必然的逻辑联系,不能使论题之证明成为它们的必然的逻辑结果。

这种错误常见的形式有一种,是"以相对为绝对",即把在一定条件下是真实的判断当作任何条件下都是真实的。例如:我们说现代的青年是积极的、进步的,某甲是现代的青年,所以他是积极的、进步的。这里的论据,一般说原则上是对的,但并不排斥有例外,可能某甲就是一个落后的青年。

有时有些人用"因此"、"所以"、"于是"等诸如此类的语法上的词,来代替真正的逻辑联系。他们以为这样做了,于是为它们所联系的双方就真正具有逻辑联系了。这也是一种常见的"推不出"的错误。

B. 论题应该是按照推理的一般规划,从论据逻辑地推出来的结论。 论证既然是一系列的推理形式,所以,应当遵守逻辑推理的一切规则,否则就会造成错误的证明。如我们说"氧化是燃烧,而燃烧有灰烬,所以氧化也有灰烬"。这个论证就犯了"四名词错误"。又如有人说:"如果一个人在思想方法上有主观主义的毛病,那么,他就一定会经常犯错误。因此把主观主义清除以后,就保证不会犯错误了。"这个证明就违反了假言三段论的规则,它是从否定前件到否定后件的。

因此,我们必须严格遵守各种推理的规则来进行论证,论证才会是合理的。

第十六章　逻辑形式的基本规律

第一节　概　述

形式逻辑中有四个规律被称为基本规律，它们是同一律、不矛盾律、排中律和充足理由律。这一点我们在《绪言》中已经说过了。在那里我们还说过，遵守这四个基本规律是使我们的思维正确、合乎逻辑的不可缺少的条件；遵守了这四个基本规律就能使我们的思维具有确定性、不矛盾性、前后一贯性、有充分根据性，而这种种属性就是正确思维必具的特征。

这四个规律之所以被称作基本规律，因为它是决定其他具体规则、规律的，也因为它是决定我们思维——从逻辑方面看——成为正确的总的规律。

同一律、不矛盾律、排中律是严格的形式化的规律。充足理由律的全部内容不能简单地限制在形式逻辑领域,它不是严格形式化的规律。虽然在形式逻辑中,它和上说三条规律并列,但只从形式逻辑的角度阐述它。

同一律、不矛盾律、排中律是研究一个判断、一个推理、一个证明内部的思想要素如何保持确定性的;要求它们确定不自相矛盾、不亦此亦彼。充足理由律是关于推理的前提和结论、证明的论题和论据的一般思想联系的原则。

同一律、不矛盾律、排中律都是亚里士多德提出的。充足理由律亚氏虽也谈到了,却是17世纪德国哲学家布莱尼茨才明确提出来的。

在《绪言》中我们已经说过形式逻辑的研究对象无不是直接由人类正确思维中总结概括而得,不用说,这四条基本规律也是由人类正确思维中总结、概括而得的。

当然,这些基本规律有其客观的根源,是对客观世界的反映的产物,一般都正确地认为逻辑的基本规律是客观的一种简单的、普遍的、确定关系的反映之产物,只是这种客观的确定关系确指哪一种关系则迄今无定论。这是一个理论问题,特别又是一个正在讨论的问题,我们此地就不去谈它了。

第二节 同一律

同一律的内容是:在同一思考、表达过程中,每个概念、每个判断都必须保持严格的同一性。

同一律的公式是:A 是 A(A 表概念或判断)。

所谓概念必须保持同一性,即指概念的外延必须保持同一。

外延同一的概念,我们知道有两种情况:一是内涵同一、外延同一的一个概念(只是语言形式不同而已);一是内涵不同、外延同一,而其间有同一关系的两个以上的概念。

所谓判断必须保持同一性,即指判断必须保持同一。

我们知道判断的同一也有两种情况:一是判断的主词、宾词、联系词完全相同,亦即自身完全相同;一是不同素材判断之间具有同一关系的判断(以具有同一外延的概念为基础的相当的判断)。

所以,同一律的内容就是要我们在同一思考、表述过程中,想什么就想什么,说什么就说什么。

这也就是说,在同一思考、表述过程中,不能用另一外延不同的概念来顶替具有特定外延的、我们正在想着说着的概念;不能用另一和我们正想着说着的判断既非同一个、也非同一类关系的判断,来顶替我们正想着、说着的判断。

非常明显,同一律就这样有力地保证了我们思想的确定性。

比如练习六第一题之a,这个三段论里的中词看似同一,实际上却有完全不同的外延,即实际上并非同一的。又如在抗日战争时期的"中国人民"和在解放战争时期的"中国人民",在建设社会主义时期的"中国人民"看似同一,却也有不同的外延,也非同一的。牛顿有句名言说:"我不做假设",许多人感到惊讶,因为牛顿事实上提出了很多假设,其实牛顿的意思是"我不做假设,只是在事实的基础上提出假设"。而那些人却理解为"我既不提出假设,也根本不做假设",双方的判断,看似同一,其实却完全是两回事,非同一的。[1]

前面讲过的许多规则,其中如:定义必须适度、划分应当适度等等,其逻辑规律的根据

---

[1] 黑格尔一事可查用。

都是同一律。

违反同一律的要求的基本错误是思想无同一性、无确定性（思想混乱，混淆概念，混淆判断）。在推理、论证等思维过程中具体表现为偷换概念、偷换论题等错误。

第三节 不矛盾律

"不矛盾律"是突出这条规律的用意的译法，Law of contradiction 一般直译作"矛盾律"。

不矛盾律的内容是：在同一思考、表述过程中，两个对立或矛盾的判断，其中至少有一个是假的。[2]

它的公式是：A 不是 $\bar{A}$（A 表示概念，而主要表示判断，对立或矛盾概念在思考、表述过程中总是对立、矛盾判断的组成要素而非孤立存在的。此外，这个公式读如：A 判断不是非 A 判断，或 A 判断不是非 A 中的 B、C 等判断）。

什么叫作互相对立或矛盾的判断至少有一个是假的呢？

我们可以看这些具体的例子，它们大都在第三章第四节中谈到过。

A."所有中文科同学是热爱中文专业的"

[2] 也可能两假，即其一真假不定，得具体分析假的之外的。

和"所有中文科同学都不是热爱中文专业的"（这两个判断中的P，并非全部S所具有的）。由于一个判断肯定S具有P的属性，另一个直接否定S具有该属性，因而这两个判断（对立判断）至少一假。当然，也可能两个都假，因为事实是"有些中文科的同学是热爱中文专业的"。

B."这个同学热爱专业"和"这个同学不热爱专业"，道理是同上，这两个判断也至少一假。这里因为主词量上的特殊性，它们只能是一个真另一个必假，一个假另一个必真，即此时这两个判断为矛盾判断。

C."本班所有同学都是做了逻辑习题的"和"本班有些同学不是做了逻辑习题的"；"任何事物不是没有原因的"和"一些事物是没有原因的"。这是两组矛盾判断，每一组的两个判断，至少一假。当然每一组的两个判断中也必有一真。

D."这个国家是社会主义国家"和"这个国家是非社会主义国家"，由于两个判断的宾词是矛盾概念，这两种绝对相反的属性不可能同属于单称的主词，所以这组矛盾判断至少一假。当然，这两个判断中也必有一真。

E. "《胡笳十八拍》为蔡琰所作是真的"和"《胡笳十八拍》为蔡琰所作是假的"。两个判断的宾词是矛盾概念,不可能同时为主词所具有,所以这两个判断也是至少一假。当然,其中也必有一真。

F. "所有人都是勇敢的"和"所有人都是怯懦的"这两个判断中的 P,并非全部 S 所具有。

G. "这个国家是社会主义国家"和"这个国家是帝国主义国家"。这是一组单称的对立判断,两种不相容的属性不可能属于这个单称的对象,所以也至少一假。当然,也可能两个都假,因为实际上 S 可能是和平中立国家。

H. "所有发明家是青年"和"所有发明家非青年"(这两个判断中的 P,并非全部 S 所具有的)这是一组由两个矛盾概念组成的对立判断。这两种绝对相反的属性不能同属于"所有发明家"。因而它们至少一假。当然,也可能它们都是假的。因为,实际是"有些发明家是青年"。

I. "如果加热于铁,那么它就膨胀"和"如果加热于铁,那么它不膨胀"(或"铁已经加了热,但它并不膨胀")。这两个假言判断,前一

[3]矛盾律与排中律既有共同性,也有区别。区别是:(一)矛盾律既适用于矛盾判断也适用于对立判断。而排中律只适用于矛盾判断,不适用于对立判断。(二)矛盾律指出,两个互相矛盾的判断或互相对立的判断不能同时都真。其中必有一假。因此,它要求人们不要同时承认两个矛盾或对立的判断都是真的。以免自相矛盾。排中律指出两个互相矛盾的判断不能同时都假,其中必有一真。因此,要求人们对两个互相矛盾的判断要有明确的选择,不能含糊模棱,无所肯定。这两个规律相辅相成。如果有两个互相矛盾的判断,我们根据这两个规律,已知其一是真的,就可断定另一个是假的(矛盾律)。反过来也一样,已知其一是假的,就可以断定另一个是真的(排中律)。——中学课本新一册

[4](而非同时否定。)

个肯定了从该理由中产生一定的推断,而后一个却否定了这一点,即尽管肯定了该理由,却否定了那个一定的判断。它们是矛盾的,也至少一假。

不矛盾律指出上说种种(并未穷尽)对立或矛盾判断中至少一假的情况,用意则在于要我们避免在同一思考、表述过程中把两个互相[3]对立或矛盾的判断(概念)同时加以肯定。[4]

不矛盾律是用一否定形式表达同一律用肯定形式所表达的思想,同一律说 A 是 A,不矛盾律说 A 不是非 A,因此不矛盾律是从否定方面肯定同一律。

违反不矛盾律的基本错误是思维中的逻辑矛盾。逻辑矛盾的具体表现是首尾不一贯、前言不符后语等等。如"三角形是四边形"、"三角形不是具有三个角的平面图形"和讲义第 4 页上举的第 4 个例子都是违反不矛盾律的,而韩非子《难势》中写的那则小故事,大家一定十分熟悉。它常用来作为违反不矛盾律的标本。

楚人有鬻盾与矛者。誉之曰:"吾盾之坚,物莫能陷也。"又誉其矛曰:"吾矛之利,于物无

不陷也。"或曰:"以子之矛,陷子之盾,如何?"其人弗能应也。

区别逻辑矛盾和现实矛盾非常重要。逻辑矛盾是思维组织结构方面的矛盾。不矛盾律叫我们排除的正是,也只是这种矛盾。现实矛盾则是统一地存在于一切事物内部的两个方面、两个趋向。这种矛盾正是事物发展的契机。比如思想的矛盾,指的是两种思想(如资本主义思想、社会主义思想;集体主义思想和个人主义思想等等)的对立和斗争。这种思想的矛盾自然不能排除,而只有通过自我批评或思想斗争才能解决。又如学习上发现了问题,这是矛盾,现实矛盾,这也不能避而不问,而是只能加以分析,然后加以解决,不矛盾律与现实矛盾无关。

第四节 排中律

排中律的内容是:在同一思考、表达过程中,两个互相矛盾的判断,其中一定有一个是真的。

它的公式是:或是 A 或是 $\bar{A}$(A 和 $\bar{A}$ 主要表示判断。读如:或是 A 判断或是非 A 判断,其中一定有一个是真的)。

排中律的含意是,或是 A 或是非 A,二者必居其一,中间的可能是没有的。"排中"意即"排除第三者"。

什么叫作两个互相矛盾的判断,其中一定有一个是真的呢?

我们还是去看本章第三节所举的九种情况、九个例子。

在那九个例子中 B、C、D、E、I 五例正是说的矛盾判断,而互相矛盾的判断中,一定有一个是真的。

这样,我们可以看出这五种情况服从排中律,也服从不矛盾律,而 A、F、G、H 四种情况(对立判断)则仅服从不矛盾律而不服从排中律。换言之,服从排中律的也都服从不矛盾律,而服从不矛盾律的不全服从排中律,只有其中的矛盾判断才服从排中律。

服从不矛盾律的意思就是让我们对那几组判断只能确定"二者必有一假";服从排中律的意思就是说我们不仅可以确定"二者必有一假",而且可以进一步确定"二者必有一真"。

这里我们就十分明显地看出了不矛盾律和排中律的区别与联系,排中律是不矛盾律的进一步展开,对于两个矛盾的思想,不矛盾律只限于指出其中有一个为假;至于另一个为真为假还是问题,不矛盾律并不回答。排中律则进一步指出两个矛盾判断中一个必真,而另一个必假。

排中律能在不矛盾律的基础上进一步指出两个矛盾判断也不能都假,其中必有一真,这就明确地排除了第三种可能,也就使思想确定而无模棱两可的性质,这里,我们也就又看到了排中律是为了排除模棱两可而坚持思想同一的。

排中律是选言判断、选言推理以及间接证明的逻辑基本规律方面的根据。

违反排中律的要求的具体错误是模棱两可,模棱两可在推理、论证过程中具体表现为论点模糊、思想不明确等错误。

仅从形式逻辑方面看,毛主席在《论人民民主专政》中就根据排中律批驳了两种模棱两可的错误思想,一是所谓"你们一边倒",二是所谓"你们太刺激了"。这是大家熟悉的,文长不录。(《毛泽东选集》第四卷1477页至1478页,1960.9北京第一版)

第五节　充足理由律[5]

充足理由律的内容是：在思考、表述过程中，任何一个真实的判断都要有充足理由。

任何判断在思考、表述过程中，都是作为推理或证明的组成要素的，所以，在推理证明过程中，在表现两个判断的关系时，充足理由律也可以写成这样一个公式：

因为有 A，所以有 B（A、B 都表判断，A 可以表许多判断）

什么叫作任何一个真实的判断都需要有充足理由呢？

所谓理由是对推断而言的。理由和推断我们在讲假言判断、推理证明时都已谈过，在推理、证明中，作为根据推出另一思想的，叫作理由，由理由推论出的叫作推断。

所谓真实的判断，需要有充足理由，也就是推断需要有充足理由。

所谓充足理由是和推断有着这样一种必然联系的理由[6]，那理由是推断的充分条件，推断是理由的必要条件。如"因为世界殖民主义体系瓦解了，所以帝国主义的阵地就大大削

[5]要求每一个思想都有足够的根据，思维只有遵守它，才能显出有论证性这个逻辑特征，才能使推理或证明合乎逻辑。具体的材料作为论证的根据不可少，但仅有材料没有需要阐明的观点也等于缺乏灵魂，也不可取。但又不等于有材料有观点就有了说服力，还要能符合本规律所要求的那样（要求观点和材料的一致、统一，要求作为论据的材料对于所要论证的论点必须是充分的）。

[6]（即能支持论断的理由）必然是联系的。（即理由真，论断也是真。）

弱了",有了"世界殖民主义体系瓦解了"这个理由,就一定有"帝国主义的阵地大大削弱"这个推断。[7]

理由和推断的这种必然联系,一般解释为客观事物的因果联系的反映。不过,理由和推断的必然联系,事实上是由客观现象的多种必然联系反映而成(如"因为气象台预告明天天气很好,所以我们决定明天去天平山了",这就不是客观因果关系的反映)。客观的因果联系,只是必然联系的一个方面。[8]

可见充足理由律是推理、证明中(前提与结论、论题和论据间)的一个一般原则,它是规定理由和推断之间的必然联系。

充足理由律只是一个原则,至于什么具体理由是特定的具体推断的充足理由?为什么这个(这些)具体理由是这个特定具体推断的充足理由?这些问题就不是形式逻辑所能解决的,它只能由有关具体科学加以解决。如"因为这块铁加了热,所以它的体积膨胀了"。这里推理是由充足理由推论出来的。但何以这理由是充足的,就需要懂得物理学才能说明(认识)(在讲假言判断充分条件、必要条件时,这一点也曾讲过)。

[7] 观点统率材料,材料服从观点,二者之间的关系是本质的、内在的。因而一经结合,便能为一个有机整体(材料观点相统一,理论实际相结合)。

[8] 四个规律是相辅相成的,在同一论题中,概念的所□必须前后一致(同一律)。议论中的任何两个判断不能是互相矛盾的(矛盾律)。如果有两个互相矛盾的判断一定要明确承认其中一个是真的(排中律)。自己提出论断,要能举出充足的理由证明它是正确的(充足理由律)。

充足理由律是保证我们思维有根据性、有论证性的。

违反充足理由律的要求,其基本错误是无论证性,无论证性在推理、证明过程中的具体表现是全无理由、理由不足、理由虚假、强词夺理等等错误。

充足理由律和前面三个规律是密切联系的。同一律、不矛盾律、排中律是为了保持一个判断(或概念)本身的确定性和无矛盾性;充足理由律是为了保持判断间的联系之有根据和有论证性。一切确定性、自相矛盾、亦此亦彼的思想,是说不到有论证性的。因此在论证过程中,一切违反同一律、不矛盾律、排中律的思想,必然导致违反充足理由律。

练 习 题

（一）

1. "中国的省"这个概念的外延中是否包括苏州？"我国的县"呢？

如果这两个概念的外延中包括苏州，是什么道理？如果不包括又是什么道理？

2. 分别指出下列概念各为哪几种概念。

a. "高度"〖普抽〗。

b. "现实主义创作方法"〖单抽〗。

c. "飞机"〖普具〗。

d. "《子夜》"〖单具〗。

e. "文史科"〖单集具〗。

f. "我校文史(1)班"〖普集具〗。

3. 指出下列各组概念间具有何种关系。

a. "父亲"、"儿子"〖对〗。

b. "教师"、"学生"〖对〗。

c. "现实主义"、"浪漫主义"（作为创作方法的)〖复(对、并)〗。

d. "文学作品"、"散文作品"。

4. 指出本讲义第十三页上例 1.2.3. 三例的逻辑错误来。

5. 请各举出两组有具体内容的,其关系与下图相应的概念来。

a. Ⓐ·ᴮ·ᶜ 〖鲁迅 《狂人日记》作者 《阿Q正传》作者//毛泽东 全国人民热爱的领袖 中国共产党中央主席〗

b. ⓐⒷⒸ 〖文艺工作者 诗人 剧作家//知识分子 诗人 剧作家〗

c. Ⓐ◎Ⓑ 〖亚洲国家 社会主义国家 中国//诗人 剧作家 郭沫若//文学家 思想家 鲁迅〗

(二)

1. 请对下列概念进行扩大和限制。

a. "小说"   b. "教师"

2. 举出你在教学(实习)活动中运用概念扩大和限制方法的实例来。

3. 请对"语法句子"作我们讲过的几种划分,并给它下一个定义。

4. 苏州市有沧浪区、平江区、金阊区,这是否划分？什么道理？

5. 下列概念的划分是否正确？如不正确,它们各违反了哪些划分的规则？

a. 作家有中国的、外国的、古代的、现代的。

b. 国画有山水画、人物画。

c. 语法句子有简单句、并列复合句和主从复合句。

d. 我们学生有党员、非党员和共青团员。

e. 化学元素分为金属、非金属和合金。

6. 下列各定义是否正确？如不正确,它们各违反了哪些定义的规则？

a. 现实主义创作方法是文学艺术中反映现实的方法。

b. 自由主义者是具有自由主义信念的人。

c. 字帖是黑底白字的书学范本。

d. 除法是不同于加、减、乘法的一种算术的演算方法。

（三）

（一）请各举出三个真判断和假判断的例子。

（二）下列简单判断中哪些是属性判断，哪些是关系判断？

a."一切阶级社会的文学都有其阶级性。"

b."这个圆的直径超过两公尺。"

c."李白、杜甫是朋友。"

d."苏轼是苏洵的儿子。"

e."每个语法句子都表达思想。"

f."客观环境影响着人的性格的发展。"

（三）请确定下列判断为哪种基本类型的判断。[1]

a."所有的诗歌是文学作品。"

b."有些文学作品是诗歌。"

c."苏轼的文学艺术作品有很大的影响。"

d."组诗《三吏》、《三别》是杜甫的名篇。"

e."《李太白全集》中有些篇章不是李白的作品。"

---

[1] 存在判断 S 是关于判断对象的概念，P 是关于在现实中的存在的概念。

f. "白氏讽喻诗都不是无所为而作的。"

g. "有非文学的作品。"

（四）请举出假言判断的例子,反映因果关系的举一个,反映理由与推断关系的举两个,反映条件与结果关系的举三个。

（五）请在下列句子中省去一些词的地方分别填上"必要的,但不是充分的"、"充分的,但不是必要的"、"充分而且必要的"以得出真实判断。

a. 了解作家的创作道路是深入了解其作品的＿＿＿＿＿＿条件。

b. 人们的语言是组织社会生产的＿＿＿＿＿＿条件。

c. 牢固掌握课内所学到的知识是我们进一步深入科学堂奥的＿＿＿＿＿＿条件。

d. 党的领导是搞好人民事业的＿＿＿＿＿＿条件。

e. 正确深入理解教材,结合学生实际水平考虑教法是教好学生的＿＿＿＿＿＿条件。

f. 学生的成绩好是谦虚负责的教师更加努力的＿＿＿＿＿＿条件。

应加联言、选言的题目

联言的：

a. 下面的联言判断是几个简单判断组成的:"(空白)。"

b. 如果我们根本不知道韩诗是什么时候的人,那么,我们可否断定下面两个由两个简单判断组成的联言判断的真实性:"韩愈是唐人,韩诗是明人";"韩愈是宋人,韩诗是明人"。

选言的:

a. 指出下列选言判断中"或者"是在相容的或不相容的意义上来运用的。

某人或者生于1939年,或者生于1940年。

他此时或者在北京或者在天津。

他是诗人或者是剧作家。

他是诗人或者是剧作家(这里,前一个判断是假的,后一个判断是真的)。

b. 如果已知"他或是诗人,或是剧作家"这个相容的选言判断中,只有后一个判断是真的,那么我们能否断定这个选言判断的真实性?

(四)

(一)请确定下列判断中名词的周延性,并简要说明何以周延,何以不周延。

a."任何荣誉都不是轻易可以获得的。"

b."体会到劳动的艰巨是一个人进步的表现。"

c."所有的教师都是要付出足够的劳动才能有益于学生的。"

d."我国古典文学大多数脍炙人口的戏剧是用诗写成的。"

e."《诗经》中部分作品不是当时人民的创作。"

f."《离骚》中部分词语是楚国当时的方言。"〖部分而且仅仅是部分〗

g."汉乐府不是全部都有文学价值。"〖有些汉乐府不是有文学价值的〗

（二）用圆的图解法确定（一）中 c、d、f、g 四个判断中名词的周延性。[2]
[·]

[2] 所得表述自己意见之最直接的保证正确的必要事件

　叙述描摹客观事物（感性——理性制约的感性的）。

　直述主观看法（理性——在感性基础上概括而得的）。

（五）

1. 把下列判断加以换位：

a. 所有小说是文学作品。

b. 所有中国人民是爱好和平的。

c. 任何人都〖是〗不应自私自利。

d. 有些几何图形是三角形。

e. 我班有些同学在实习中取得了很好的成绩。

2. 把下列判断加以换质：

a. 在农村中，压倒一切的工作是农业生产工作。

b. 有些加速化学反应的物质不是参与反应的物质。

c. 我国现代的风景画有些是现实主义作品。

d. 我们提倡的浪漫主义不是非革命的浪漫主义。

3. 把上面 1 中的 a. b. c, 2 中的 a. b. d 六个判断加以换质位。

4. 请制一个表在下面，以表示同素材四个基本类型判断间的对当关系。

（六）

1. 下列的三段论是否正确？如果不正确，则请说明其中违反了哪些一般规则和格的规则。

a. 物质是不灭的；〚A〛

纸是物质；〚A〛

所以纸是不灭的。〚A〛

b. 所有的金属都能导电；〚A〛

铜是金属；〚A〛

所以铜能导电。〚A〛

c. 麻雀是有害于农作物的；〚A〛

麻雀是鸟；〚A〛

所以所有的鸟是有害于农作物的。〚A〛

d. 所有中文科的同学都应努力学习；〚A〛

张××不是中文科的同学；〚E〛

所以张××不应努力学习。〚E〛

e. 玫瑰花是香的；〚A〛

这朵花是香的；〚A〛

所以这朵花是玫瑰花。〚A〛

f. 任何对顶角都相等；〚A〛

这两角相等；〚A〛

所以这两角是对顶角。〚A〛

g. 有些我班同学是共青团员；〚I〛

全部我班同学不是中学生；〚E〛

所以任何中学生不是共青团员。〚E〛

h. 教室需要空气流通；〚A〛

这间房不是教室；〖E〗

所以这间房不需要空气流通。〖E〗

i. 一切正确的论式都有三个词；〖A〗

这个论式有三个词；〖A〗

所以这个论式是正确的论式。〖A〗

j. 一些矿物是可以燃烧的；〖I〗

石油可以燃烧；〖A〗

所以石油是矿物。〖A〗

k. 一些蛇是有毒的；〖I〗

蝮蛇是蛇；〖A〗

所以蝮蛇是有毒的。〖A〗

2. 请举出按三段论第一格、第二格、第三格和第四格构造起来的三段论。

（七）

1. 下列各个假言直言三段论是否正确？如果不正确，则其中违反了哪些规则？

a. 如果一个三段论是正确的，则其中应该有三个名词；

这个三段论中有三个名词；

所以这个三段论是正确的。

b. 如果学生没有读完这本书，则他没有获得必要的知识；

这个学生读完了这本书；

所以这个学生获得了必要的知识。

c. 如果海港结了冰，则轮船不能进口；

轮船不能进口；

所以，海港结了冰。

d. 如果不浇幼苗，则幼苗就要枯萎；

现在没有浇幼苗；

所以幼苗枯萎了。

e. 如果有烟，则有火；

这里没有烟；

所以这里没有火。

f. 如果题目难了，那么解决它就需要很多时间；

我解决这个题目费了很多时间；

所以这个题目难了。

2. 纯粹假言推理共有几式？请各式举出一个例子来。

（八）

1. 指出下列各选言直言三段论的正误，并说明理由。

a. 三角形或者是等边三角形或者是不等边三角形；

这个三角形是不等边三角形；

所以这个三角形是等边三角形。

b. 任何一个三段论或者按第一格构造,或者按第二格构造,或者按第三格构造；

这个三段论不是按第一格和第二格构造的；

所以这个三段论是按第三格构造的。

c. 他或者是军人,或者是医生；

他是个军人；

所以他不是个医生。

2. 请举出选言直言三段论(肯定否定式和否定肯定式)的例子。

3. 请举出一个二难推理的例子。

(九)

1. 把下列的省略体还原为完整的三段论,并指出其正误。

a. 共产党员不怕困难,所以他也不怕困难。

b.《战争与和平》这部作品是天才的作

品,因为它是现实主义的作品。

c. 这本书不是好书,因为很少有人读它。

d. 年轻人应该及时努力学习,张同志正是年轻人。

e. 既然这个几何图形是圆,则很明显,其中各相等的弦与圆心的距离相等。

f. 如果这个数 x 不是以两个零为结尾,则很明显,它不能为 100 所除尽。

g. 如果天下雨,则道路泥泞。现在道路泥泞。

h. 这张桌子是红的,所以它不是黑的。

i. 算术算法,或是加,或是减,或是乘,或是除。这是用的除法。

2. 请举出亚里士多德和哥克兰尼式的连锁推理的例子,并把它恢复为一连串三段论。

3. 请举出带证式(一个前提和两个前提为省略体的)的例子,并把省略部分都还原为完整的三段论。

4. 请举出两个关系推理的例子。

复 习 题

第一章复习题

1. 形式逻辑是研究什么的科学?
2. 什么是思维的逻辑形式? 试举例说明之。
3. 我们学习形式逻辑的意义何在?

第二章复习题

1. 什么是概念,形式逻辑如何研究概念?
2. 什么是概念的内涵、外延? 试举例说明。
3. 概念有哪些主要种类? 试举例说明。
4. 概念间的关系有哪些? 试举例说明。
5. 试举我们日常生活中的实例来说明什么是概念的扩大和限制。

6. 什么是概念的划分？有哪几种划分？划分的构成要素有哪些？它有哪些规则？

7. 什么是概念的定义？有哪几种定义？定义的组成如何？它有哪些规则？

第三章复习题

1. 判断是什么？判断有什么特征？判断的结构如何？

2. 说明判断的种类，并各举一例。

3. 说明复杂判断的真假问题。

4. 举例说明什么是充分条件，什么是必要条件。

5. 说明 A、E、I、O 四种判断中名词的周延性。

6. 分别说明下列四种不同的对当关系：大反对关系、从属关系、矛盾关系、小反对关系。

7. 叙述不同素材可比较判断的四种关系。

第五章复习题

1. 什么是推理？推理有哪些种类？

2. 对当关系的推理可分为三种情况：A.

根据矛盾关系或大反对关系,从一个判断之真可推出另一同素材判断之假;B. 根据矛盾关系或小反对关系,从一个判断之假,可推出另一同素材判断之真;C. 根据从属关系,从一个判断之真可推出另一同素材判断之真,或者从一个判断之假可推出另一同素材判断之假。试仿下例说明B、C的具体情况如何。

例:大反对判断和矛盾概念判断中,由A真可推出E假,由A真可推出O假,由E真可推出I假,由E真可推出A假,由O真可推出A假,由I真可推出E假)。

3. 换质法怎样进行?
4. 换位法怎样进行?
5. 换质位法怎样进行?
6. 直接推理有什么意义?

[1]默周延表对当关系表

直接推理有许多是运用关系判断构成的,"甲大于乙"可以反过来直接推出"乙小于甲";"事实胜于雄辩"可反过来推出"雄辩敌不过事实"。这样的直接推理正是依据关系判断中的不对称关系,把前后项位置颠倒过来,用与原来关系词意相反的(反义的)关系词,就构成了一个直接推理。当然,也可以运用有着对称关系的关系判断来构成直接推理。但有可能流于所谓"同语反复"。不过,也有的可以用来表达复杂且深刻的思想。(好的例子,见《文艺报》1960 第五期张光年《……何等问题》中"按照这个结论,可以归纳为这样一个公式:思想性＝真实性＝艺术性……,修正主义公式的。")

质	换质		再换位		再换质
SAP	SE$\bar{P}$	→	$\bar{P}$ES	→	$\bar{P}$A$\bar{S}$
SEP	SA$\bar{P}$		$\bar{P}$IS		$\bar{P}$O$\bar{S}$
SIP	SO$\bar{P}$		—		—
SOP	SI$\bar{P}$		$\bar{P}$IS		$\bar{P}$O$\bar{S}$

第六章复习题

1. 试述直言三段论的定义和结构。

2. 何谓直言三段论的公理?

3. 试述三段论的总的规则。

4. 试述直言三段论中中词的作用和它必须周延一次的道理。

5. 什么是直言三段论的格?它共有几格?怎样区分三段论的各个格?各格的规则是怎样的?

6. 什么是直言三段纶的式?各格的有效式都有哪些?[1]

[1] 小肯(一) AAA,EAE,AII,EIO(AAI,EAO)。

小四全(二) EAE,AEE,EIO,AOO(AEO,EAO)。

小肯(三) AAI,IAI,AII,EAO,OAO,EIO。

小不能 O (四) AAI,AEE,IAI,EAO,EIO。共 24 式。派生 5 外,计 19 式。

第七章复习题

1. 试述由非区别的假言判断组成的假言三段论的两种正确式及其规则。

2. 试述由区别的假言判断组成的假言三段论的四种推理形式。

第八章复习题

1. 试述选言三段论的正确式及其规则。

2. 什么是二难推理？依其结构，二难推理共有哪几种方式？

第十一章复习题

1. 直言三段论的省略体共有哪几种？

2. 什么是直言三段论的复杂体，它共有哪几种？

3. 假言、选言推理的省略式各有几种？

4. 纯粹假言推理的复杂式有几种？

第十二章复习题

1. 什么是归纳推理？归纳推理有哪些种类。它们的主要区别何在？

2. 说明求同法、求异法、共变法、剩余法的特征。

3. 归纳推理中有哪些容易犯的错误？试举例说明之。

第十三章复习题

1. 什么是类比推理？

2. 类比推理结论或然性的大小取决于哪些条件？

3. 什么是机械的类比？试举一例？

第十四章复习题

1. 什么是假设？

2. 怎样验证假设？

第十五章复习题

1. 什么是证明?

2. 什么是论题?什么是论据?什么是论证?

3. 证明的方法有哪几种?

4. 什么是直接证明?试举一例。

5. 什么是间接证明?试举一例。

6. 什么是反驳?反驳有哪几种方法?

7. 证明应该遵守哪些规则?

第十六章复习题

1. 逻辑的基本规律是关于什么的规律?

2. 试述同一律的内容和它在思维过程中的作用,并举一个违反同一律的例子。

3. 试述不矛盾律的内容和它在思维过程中的作用,并举一个违反不矛盾律的例子。

4. 试述排中律的内容和它在思维过程中的作用,并举一个违反排中律的例子。

5. 试述充足理由律的内容和它在思维过程中的作用,并举一个违反排中律的例子。

6. 什么是逻辑矛盾？它和现实矛盾的区别何在？

7. 不矛盾律和排中律的相同点何在？不同点又何在？

试 题

A. 文科二年级形式逻辑期中试题

1. "我国的省"这个概念的外延中是否包括"苏州"?"文学作品"这个概念的外延中是否包括"诗歌"? 为什么?

2. 用圆的图解法来表示"有些等边三角形是等角三角形"这一判断中名词的周延性。

3. 试标出下列几个判断的逻辑形式,并指出它们各为哪几种判断。

a. "任何知识都要付出相当劳动才能牢固掌握。"

b. "陈某和李某可能是朋友。"

c. "我或者别人将在这次考试中取得最好的成绩。"

d. "有些文学作品不是小说。"

e. "没有掌握一定的逻辑知识就不会回答这些问题。"

f."他看了题目,仔细考虑了一会儿,就清楚地写出了答案。"

4. 举一个非区别假言判断,并从结构方面加以分析。

5. 从"有些作品不是文学作品"和"任何小说不是作品"这两个判断,根据对当关系推出其他相应判断的真假来。

————以上五题任做两题————

6. 对"我们提倡的浪漫主义不是非革命的浪漫主义"这个判断进行换质、换位和换质位三种推理。

7. 三段论中如果以一个特称肯定判断和一个特称否定判断为前提就不能推出任何结论,这是什么缘故?

8. 下面两个三段论是不正确的,请根据关于三段论的式的知识来说明它们为什么不正确。

a. 有些我班同学是共青团员;

　　全部我班同学不是中学生;

　　所以任何中学生不是共青团员。

b. 一切正确的三段论论式都有三个名词;

　　这个三段论论式有三个名词;

　　所以这个三段论论式是正确的论式。

————以上三题必做————

中文科二年级形式逻辑期中试题答案

1. 不包括,因为是对立概念。包括,因为是从属概念。

2. (S P) S 只采取画斜线的部分

3. a. 所有 S 是 P。简单、属性、直言、确然
   b. 有可能(a、b)。简单、关系、或然。
   c. S1 或 S2 是 P。复杂、选言(严格)。
   d. 有些 S 不是 P。简单、属性、直言、确然。
   e. 如果 A 则 B。复杂、假言。
   f. S 是 P1 并且 P2 并且 P3。复杂、联言。

4. (前件、后件、联系词)(例不举)。

5. O 真则 A 假,E 不定,I 不定 / E 假则 A 不定,I 真,O 不定。

6. 我们提倡的浪漫主义是革命的浪漫主义(换质所得)。

   非革命的浪漫主义不是我们提倡的浪漫主义(换位所得)。

   有些革命的浪漫主义是我们提倡的浪漫主义(换质位所得)。

7. 两个特称判断是得不出结论的。在这

个情况下,前提中只有一个名词周延。为了避免中词两次都不周延的错误,这个唯一周延的名词应是中词。如果它是中词,则大、小词都不周延。但两个前提中有一个是否定的,其结论应为否定的。这样,大词在结论中就是周延的。这时就要犯大词不当周延的错误。如果要避免这个错误,前提中唯一周延的名词应为大词。但这样一来,中词又一次不周延了,因而又要陷于中词两次都不周延的错误中。总之,这里难免违犯名词规则,所以总是推不出结论来的。

8. a. 这个三段论是按第三格组织起来的,其式为 IEE。按第三格的正确式,计有:AAI、IAI、AII、EAO、OAO、EIO 六式。其中并无 IEE 式,所以这个三段论式是不正确的。

b. 这个三段论是按第二格组织起来的,其式为 AAA。按第二格的正确式,计有:EAE(EAO)、AEE(AEO)、EIO、AOO,其中并无 AAA 式,所以,这个三段论是不正确的。

B. 中文科二年级形式逻辑补考试题

一、下面两个句子作为划分和定义它们是否正确？如不正确,请指出它们各违背了怎样的规则,犯了怎样的错误？

a. 作家有古代的、现代的、中国的、外国的。

b. 现实主义创作方法是文学艺术中反映现实的方法。

二、用圆的图解法来表示"有些小说是文学作品"这一判断中名词的周延性。

——以上两题选做一题,不可都做——

三、对"我们提倡的现实主义不是非革命的现实主义"这个判断进行换质位推理。

四、请从一般规则(名词的、前提的)说明下面这个三段论是推不出任何结论来的。

有些学生是党员；

有些学生是本地人；
_____

？

五、请只根据关于三段论的式的知识,说明下面这个三段论是不正确的。

所有中文科的同学都是应该努力学习的；

×××不是中文科的同学；

所以×××不是应该努力学习的(？)

————(以上三题必做)————

附录：学生来信选摘

来自徐美英、顾义生

敬爱的王老师：

适值恩师九十华诞，我俩代表58届三(1)班和三(2)同学，敬祝恩师福如东海，寿比南山。

恩师平生静以修身，俭以养德，澹泊明志，与世无争，从不为名利所累。您是我们心中的清风明月，是我们终生的学习楷模。

智者乐水，仁者爱山。恩师是智者，明理通达，善于思考，志存高远，犹如那淙淙清泉；恩师更是仁者，清心寡欲，宽厚仁爱，谦逊和蔼，正是那巍巍高山。您，虽历经挫折，仍泰然自若，淡然处之。收获的是快乐、幸福、健康、长寿。

您的品格、您的精神，教诲我们为人诚信正直，处世淡定求真。您身体力行，如春风夏雨，滋润我们的心。

师恩如海，永志不忘。

您的学生　徐美英　顾义生及58届三(1)、三(2)班全体学生

来自丁幼斌

敬爱的王老师：

　　毕业四十七年来，除去看望过您几次以外，从未给您写过信，这次寄照片给您，总得一起写点什么吧。但真正动起笔来，又不知从哪儿谈起才好。这时，脑中纷纷往事便联翩而至了。

　　我记起了您在苏中大礼堂讲台上给我们上的那堂课。我们全班都坐在讲台上，台下是好几百听课的老师。那堂课教的内容我已全忘了，记得住的只是您当时的风采。①您挥洒自如，侃侃而谈。您的话语是那么引人入胜，很快我们就忘记了台下的老师，身心完全浸透在您为我们营造的文学情景之中。后来我也当了教师，您那一课就成了我一生追求的目标。但弟子愚蠢，这目标是一辈子可望而不可即也！

　　我又想起了1955年的除夕，大家围坐在教室里，跟您天南海北地聊天，等待午夜钟声的响起。说是聊天，主要是听您在讲。您的言语幽默而智慧，我们围坐在旁边，心中感到无比的温馨和幸福。那真是少年时代无忧无虑的幸福啊！我对文学的喜爱，大概就在这不知不觉中被逐渐养成了吧！

　　但老师带给我的对文学的喜爱仍时时在脑中萌动。自邓公拨乱反正，天空阴霾尽扫，家父也于1989年获得平反，心中的萌动就越发强烈起来。于是我也偶尔动笔涂鸦，写些短句以求自娱。由于文学水平仍停留在高中层次，这些涂鸦只能遭内行见笑而已。不料徐美英竟将我的陋文告诉了老师，这真让没有长进的弟子羞愧汗颜，无地自容了。

丑疤既已揭开,就不怕老师再见笑了。干脆把十月返苏时重游天平山偶得的小诗献上,请恩师教正。(还记得高中时跟恩师一起游天平、灵岩,在老和尚处吃香菇面条吗?)

都道天平险,万笏竞朝天。

白云叠三重,石峰开一线。(登天平路有下白云、中白云、上白云)

血胜枫叶红,德逾碧空蓝。

范相忧乐处,千古高义园。

又,顾义生、徐美英和我的《南乡子》,水平比我高多了,也录给老师:

聚散皆是友,曾经沧桑风雨后。无悔昔日少年梦,悠悠。苍天有眼苦无口。

登攀莫回首,阅尽春色在前头。人间最是家乡美,共留。且喜不作稻粱谋。

元旦已过,春节将至,恭祝恩师玉体永健,万事康顺!

学生　丁幼斌
2006 年元月 4 日

① 审稿时,徐美英老师阅至此,脱口而出:"是《孔雀东南飞》。"在旁的顾义生老师回忆:"那是堂全国观摩公开课。"

附　丁幼斌 2005 年 12 月 20 日原词《南乡子·把盏夜语》

姑苏会挚友,秋夜把盏问别后。五十年来多少事,悠悠。酸甜苦辣难启口。

往事莫回首,磕磕碰碰已白头。虽见落霞孤鹜美,难留。健康是金日日谋。

来自顾孟洁

难忘的苏高中,难忘的王老师

三年寒窗期间,与汪善琪学兄耳发厮磨的切磋交流,使我在学业上和身心上受益匪浅。而众多的老师中,我特别感念于老师王立吾先生。他不仅有好的教学方法和高的教学质量,而且对我而言,让我特别地感受到他的恩师之德——在语文课堂上,他毫无偏见地对我的学习进步和学习成绩予以肯定和鼓励,将我的作文卷子在全班朗读,并夸奖我的字写得端正……得到这样的热情肯定与表扬,使我"负债求学"的苦闷的身心得到了慰藉,而更重要的是使我从所面临的尴尬与困惑中建立起人格上的自信。当然,语文知识的长进实实在在地有利于一个学生各方面的进步和成长。联系到"逼"着我考进苏高中的于悟川先生,他也正是我的语文老师。对我而言,这两位老师多么相像啊!

明朝的了凡先生在早期验证了命数的正确性,后来进一步通晓了命数的由来,知道人们可以掌握自己的未来,改造自己的命运,提出了"命自我立"的观点。他教导子孙后人以正确的处世做人之道,也是自利利他之道。在我的整个中学时代,给我留下印象最深刻、让我最难忘的,就是于老师和王老师。他们对我的教导之恩,是转变我命运的重要因素。

(写于2010年7月苏高中王立吾老师九十寿诞前夕)

——《走出迷雾·附录》

来自张华

王立吾先生——我最后的一位语文老师

王立吾先生是我班读高三时向校方争取来的。他的来到给我们的语文学习注入了新的活力,时值解放初期,大家对革命的文学作品知识知之甚少。王先生把《药》介绍给我们,使我们认识了反帝、反对国民党黑暗统治的一代文豪鲁迅先生。王先生对鲁迅非常尊敬,每在堂上提及时,必加"先生"二字。他对文章精辟的分析和生动的讲解令我们入神,以致他改变了一个同学的升学志愿。原来她立志报考师范专业,听了先生的课,感受到祖国语言、文学的魅力,决定改读中文,进了北大中文系。

先生在课堂上好提问我,也许是我的名字好记,几乎每堂必问。"文章中哪一段写得最感人?""文章中有无用词不妥之处?""作者的真实意图是什么?"遗憾的是,那时的我学语文,只爱看情节和满足于看懂字面意思,几曾思考过这些深层的问题?记得有一次,先生又问我一个让我为难的问题。我答不出来,慌乱之余,竟坐在课椅上不起来,一言不发,也不理会先生的启发和提示。多么无礼!现在向先生致以迟到的歉意。

先生对我们写的作文批改认真,他赞扬冯家箴、陆祖嘉和姜继光等同学的作文写得好。对我的作文,先生直言不讳地说:"太平淡。"我记住了先生的教诲,而真正认识到这一点,是在我以后四十多年的人生经历中。每当我需要动笔写点什么的时候,常常感到力不从心。写出来的东西没有气势,缺乏新意,更少文采。这时我就想起先生当年对我的评语是何其中肯。唉!要是我当时多向先生请教一点该有多好。怪我不懂事,不珍惜这最后的语文学习机会,但是我永远铭记学生时代我最后的一位语文教师王立吾先生。

以下为手写于此文后的信件

尊敬的王先生:

您好!

我是苏高中51届毕业生,当年我在高三戊班(女生班)时,有幸聆听先生讲授语文课,先生精辟的讲解和生动的教学方式,令我们倾倒,让我终生难忘。

时隔半个世纪,1998年我曾在51、52、53届校友会办的《简报》上,专门记叙了先生给我们授课的那段往事。今天附上,权当是我交给先生的一篇不成样的作文,以表达对师长的怀念,也让我再次重温那段美好时光。衷心祝愿先生健康,快乐,幸福!

您的学生　张华

2010.9.1 于广州

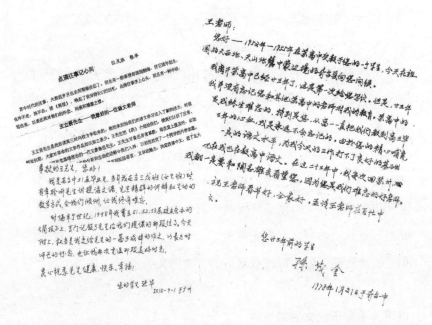

来自孙茂金

王老师:

您好!

1952年—1955年在苏高中受教于您的一个学生,今天在祖国的大西北的天山北麓,中蒙边境的奇台县向您问候!

我离开苏高中已经廿三年了,这是第一次给您写信。但是,廿三年来,我并没有忘记您和其他苏高中的老师对我的教育。苏高中的三年,是我终生难忘的。特别是您,从高一一直把我们教到高三毕业。您三年的心血,我是永远不会忘记的。由于您的精心哺育,使我具有一定的语文水平,为我今天的工作打下了良好的基础——现在我也在教高中语文。在这二十三年中,我每次回苏州,我都一定要和陶志雄去看望您,因为您是我们难忘的好老师。

……

最后,祝王老师春节好,全家好。并请王老师在百忙之中抽时间复信。

您廿三年前的学生
孙茂金
1978年1月21日　于奇台一中